ビジネスを**成功**に導く**データ分析組織**とは？

データサイエンティスト養成読本
ビジネス活用編

ビッグデータ、機械学習、人工知能など、データ分析に関連するキーワードを目にしない日はありません。データサイエンティストブームからはや数年、多くの日本の組織がデータ分析に取り組み、成功と失敗を繰り返してきました。いまや、データ分析からビジネス価値を見出した組織とデータ分析が根付かなかった組織との差が明らかに広がりはじめています。本書は、データ分析がうまく機能している組織から執筆者を迎え、実務担当者の振る舞いからマネージャ／経営者層が持つべきデータ分析プロジェクトの進め方などのノウハウをお届けします。データ分析組織を本気で起ち上げたい方、データ分析が実現する幸せな未来を目指す方は必読の内容です。

技術評論社

データサイエンティスト養成読本 ビジネス活用編

CONTENTS

> ⚠ 本書はすべて、書き下ろし記事で構成しています。

第1章
高橋威知郎
ビジネス貢献するデータ分析「7つのポイント」 ... 1
データ分析をはじめるときにもつべき意識

- 1-1 社内データサイエンティストの現実 ... 2
  ビジネス貢献できないデータ分析、もう嫌だ!
- 1-2 ビジネス成果を「金額換算」して示せ! ... 4
  インパクトを示せないデータ分析に価値はない
- 1-3 「スゴイ分析」より「成果の出る分析」を優先せよ! ... 7
  手法偏重のトラップに陥るな
- 1-4 分析結果を現場に丸投げするな! ... 10
  ビジネス成果までに責任を持てば「で?」とはならない
- 1-5 「現場」を知る努力をせよ! ... 12
  まったく知らない現場を分析することの恐怖
- 1-6 業務プロセスレベルまで現場を把握せよ! ... 15
  リアルな人の動きが見えればデータ分析の活用が加速する
- 1-7 小さくはじめて大きく波及させよ! ... 19
  成功体験の積み上げと2つのアプローチ
- 1-8 問題解決に積極的に関与せよ! ... 22
  逆算思考でうまくいく
- 1-9 なぜ、データ分析がうまくいかないのか ... 24
  データ分析者が動かなければ何も変わらない

第2章

矢部章一

データ分析のプロジェクトマネジメント
シンプルな4つのプロセスからはじめる

27

2-1	**マネタイズできていますか?** データサイエンスをはじめるときの重要な視点	28
2-2	**データサイエンスの目的** あなたの会社のデータサイエンスは何を目指しているのか	29
2-3	**プロセス1:現場の理解** ビジネスサイドは知見の宝庫	30
2-4	**プロセス2:コンセプトの策定** ビジネスのあるべき姿を求めて	32
2-5	**プロセス3:具体的施策のプライオリティ策定** データのクオリティを見定める	35
2-6	**プロセス4:モデル開発と運用** スムーズなデータサイエンスチームのつくり方	37

第3章

奥村 エルネスト 純

機械学習プロジェクトの進め方
つまずかずにやり遂げるための実践手法

41

3-1	**機械学習プロジェクトのライフサイクル** 実体験に基づいたノウハウ	42
3-2	**現場との期待値調整** どのようにすれば「伝わる」のか	50
3-3	**機械学習案件を成功させるということ** 多くの"1"を生み続けるために	53

第4章

樫田 光

メルカリが挑むスピードデータサイエンス
爆速成長アプリを支えるBIチーム

55

4-1	**BIチームとデータアナリスト** ミッションは「意思決定力MAX化」	56
4-2	**組織／Organization** ハイブリッド型組織がどのように機能しているのか	62
4-3	**文化／Culture** 全社員のデータ感度／リテラシー向上への取り組み	68

iii

第5章

中山心太

失敗しないデータ分析組織の立ち上げ方 77
8つのプロセスとデータ分析人材から紐解く

5-1 機械学習導入のプロセスと必要な人材 78
過大投資を避け、費用対効果を上げる方法

5-2 データ分析組織の組成失敗事例 86
データサイエンティストの役割を理解する

5-3 SI企業におけるデータ分析組織の立ち上げ 89
機械学習システムを受注するときに考えるべきこと

第6章

伊藤徹郎

データ分析のはじめ方 95
探索的分析で組織のKPIを見つけよう

6-1 データ分析再入門 96
データ分析の手順をひとめぐり

6-2 データの入手と問題設定 98
データ分析の目的を明確にしよう

6-3 探索的データ分析入門 101
分析でつまずかないための集計・可視化

6-4 KPIの設計とモニタリング 108
KPIの種類とダッシュボードの活用

第7章

津田真樹

データサイエンスによる科学的ビジネスのすすめ 111
ビジネスに役立つ「データサイエンス」と「科学」の基礎知識

7-1 データサイエンスの基礎知識 112
データサイエンスとは何なのか、データサイエンス人材の3分類

7-2 データサイエンス技術の特性 117
ビジネスマンが知っておきたいAI技術のキホン

7-3 データ駆動でビジネスを改善するための科学的アプローチ 122
データにもとづきビジネスを科学する！？

第8章
西田勘一郎

今こそデータ分析の民主化を ··········· **127**
自分のデータは自分で分析する時代がはじまる

8-1 データサイエンティストを活かせない現場 128
なぜ、データ分析を民主化する必要があるのか

8-2 データ分析の民主化への取り組み 132
シリコンバレーとベースボールチームの事例

8-3 日本企業にデータ分析の民主化ができるのか 137
実は「データ分析の民主化」リーダーだった日本

第9章
大成弘子

People Analytics 入門 ··········· **139**
戦略的に働き心地のよい職場環境を作る方法

9-1 ピープルアナリティクスとは 140
歴史、扱うデータ、導入方法

9-2 成果を出す社内コミュニケーションとは 143
デジタルデータから見えてくるチームのモチベーション

9-3 回帰分析による因果関係の特定 148
従業員のモチベーションを探る

9-4 コミュニケーションデータを活用する前に 151
押さえておきたい3つの原則

第10章
加藤 エルテス 聡志

People Analytics が会社の業績を変えるまで ··········· **155**
「数字に強い人事」が会社の生き残りを決める

10-1 人事領域でもデータサイエンスが活用できる 156
人事領域のAI活用、具体的なトピックと手法

10-2 ケーススタディ～コンピテンシー定義編～ 166
課題定義から解決アプローチまでを概観

v

はじめに

　このたびは本書を手にとっていただきありがとうございます。本書を手にとられた方は、データ分析のビジネス活このたびは本書を手にとっていただきありがとうございます。本書を手にとられた方は、データ分析のビジネス活用に興味のある方はもちろん、ご自身の組織でデータ分析が活用できていないとお悩みの方もいるでしょう。

　この数年の間で、データ分析を活用できた組織とそうでない組織の差は広がり、今後もますますその差は広がっていくと考えられます。データ分析を活用できていない組織は、ビジネス機会だけでなく、優秀なデータ分析人材をも他社に奪われ、次第に競争力を失っていくかもしれません。それでは一発逆転を狙って、現在の流行とも言える「機械学習／人工知能」をどうすればうまく組織に適用できるでしょうか。

　データ分析がうまくいかない要因は「経営／マネージャ層の知識不足」「人材不足と必要な人材に対する理解不足」「組織の予算配分」など簡単に考えることができますが、現実的にこれらの問題をすぐに解決することは困難です。その他にも、データ分析がうまくいかない要因は、データ分析者自身ではコントロールが難しい要因だけではなく、データ分析者自身の振る舞いという要因から考えることも必要です。そこで本書は、基本的に1人からはじめることができ、明日から試すことができるノウハウを集める目的で制作されました。データ分析をうまく活用している組織から執筆者を迎え、経験をもとにしたノウハウを書き下ろしています。各執筆者がこれまで蓄積してきたノウハウは、データ分析を組織に適用し、ビジネス価値を生み出すためのヒントが満載です。

　データ分析者に技術知識はもちろん必要ですが、それがビジネスに活用されなければ意味がありません。読者のみなさんが、本書から何かしらのヒントを得て、データ分析の組織への適用が成功し、そしてビジネス革新をリードする人材になることを願っています。

執筆者を代表して　伊藤徹郎　津田真樹

▌免責

● 本書表記について

　本書で使用されるデータサイエンティスト、データアナリスト、データ分析者などの職種名、所属名などは、各組織によって多様であることを考慮し、原文記載の表記を優先しております。したがって、各章によって職種名、所属名の表記が異なる場合がございます。各章のテーマにあわせてお読みください。

● 記載内容について

　本書に記載された内容は、情報の提供だけを目的としています。したがって、本書を用いた運用は、必ずお客様自身の責任と判断によって行ってください。これらの情報の運用の結果について、技術評論社および著者はいかなる責任も負いません。

　本書に記載がない限り、2018年10月現在の情報ですので、ご利用時には変更されている場合もあります。

　以上の注意事項をご承諾いただいた上で、本書をご利用願います。これらの注意事項をお読みいただかずにお問い合わせいただいても、技術評論社および著者は対処しかねます。あらかじめ、ご承知おきください。

● 商標、登録商標について

　本書に登場する製品名などは、一般に各社の登録商標または商標です。なお、本文中に™、®などのマークは省略しているものもあります。

第1章

ビジネス貢献するデータ分析「7つのポイント」

データ分析をはじめるときにもつべき意識

《著者プロフィール》
高橋威知郎(たかはし いちろう)
株式会社セールスアナリティクス 代表取締役CEO/データ分析・活用コンサルタント
約20年間、一貫してデータ分析の実務に携わる。主にマーケティングや営業などのビジネス系から製造や品質管理などの生産系のデータ分析を行う。現在は大企業のみならず、中小企業やベンチャー企業などにおけるデータ分析・活用のコンサルティング、データ分析従事者の育成支援、その学びの場を提供している。
最近の著書に、共著「データサイエンティストの秘密ノート 35の失敗事例と克服法」(SBクリエイティブ)、単著「営業生産性を高める!『データ分析』の技術」(同文館出版)など。中小企業診断士。

ここ10年、データ分析に興味を持ち、そして実践する人や組織が急増しました。そのような中、「思ったほどビジネス成果が出ない……」という声もチラホラ聞こえてきました。データ分析者に期待されているのは、**ビジネス貢献するデータ分析**です。これからは、今まで以上に強烈に求められていくことでしょう。では、どうすればよいのでしょうか。本章では、データ分析者に向けて**ビジネス貢献するデータ分析を実現するための「7つのポイント」**について述べていきます。もし、あなたやあなたの組織のデータ分析がうまくビジネス貢献できていないのであれば、本章で解説するポイントを意識し実践することで、好転する可能性が大いにあります。

1-1 社内データサイエンティストの現実

1-2 ビジネス成果を「金額換算」して示せ!

1-3 「スゴイ分析」より「成果の出る分析」を優先せよ!

1-4 分析結果を現場に丸投げするな!

1-5 「現場」を知る努力をせよ!

1-6 業務プロセスレベルまで現場を把握せよ!

1-7 小さくはじめて大きく波及させよ!

1-8 問題解決に積極的に関与せよ!

1-9 なぜ、データ分析がうまくいかないのか

1-1 社内データサイエンティストの現実
ビジネス貢献できないデータ分析、もう嫌だ！

ただ今、社内データサイエンティスト急増中

ここ10年、面白い現象が起こっています。

「データがあるから、何かわかるでしょ？」
「とりあえず、AI (Deep Learning) で何かやれ！」
「よし！ デジタルトランスフォーメーションだ！！！」

このような合言葉とともに、データサイエンスの専門部署を社内に設置する企業が増えています。専門部署とはいわないまでも、専任の担当者を置く企業も少なくありません。

20年前、筆者がデータ分析を実務ではじめたときにはなかったことです。なぜ、急に社内データサイエンティストが増えたのでしょうか。

2000年ごろから、急激なIT化が進み（図1）、このIT化の副産物として、大量のデータが蓄積（図2）されるようになりました。

※出典：総務省「平成27年度ICTの経済分析に関する調査」のデータをもとに加工

◆図1　日本企業のIT投資額の推移

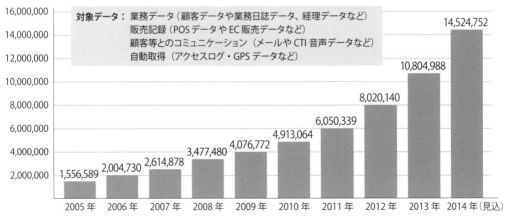

※出典：総務省「ビッグデータの流通量の推計及びビッグデータの活用実態に関する調査研究」（平成27年）のデータをもとに加工

◆図2　日本のデータ流通量

やがて、そのデータの蓄積コストや分析コストが減り、手軽にデータ分析ができるようになりました。そのような中で、データ分析を武器に市場を席巻する企業が脚光を浴びることになりました。

これからも増え続けるデータをどのように調理し自社のビジネスに活かすのかは、データサイエンティストの腕にかかっています。データを活かすも殺すも、その腕次第です。社内から大きな期待をかけられ、注目度はうなぎのぼりでしょう。

何はともあれ、データ分析に対し高い関心を示し、そのような人財を社内に抱える企業が増えました。筆者としては、仲間が増えて非常に喜ばしい限りです。

人はそろえたけど、ビジネス貢献できていない……

ここ10年の間でデータ分析に積極的に取り組みはじめた企業は、その後どうなったのでしょうか。筆者が感じた印象では、その多くがうまくいっていません。実際に、いくつかの企業から、次のような悩みを聞きました。

「うちのデータ分析、あまりビジネス貢献していない」

そもそも、データ分析でビジネス貢献するとは、どういうことでしょうか。

それはその企業の収益や生産性、品質、コスト、スピード、安全性、意欲、環境などの課題に対し、良いインパクトをもたらすことです。

つまり、「うちのデータ分析、あまりビジネス貢献していない」とは、「データ分析者や機械学習エンジニアといったデータサイエンス人財をそろえ、さらにデータ分析ツールやBI（ビジネスインテリジェンス）ツールなどの分析基盤を整えたけれども、ビジネスに良いインパクトをもたらせていない」ということです。

データ分析は必須ではないという現実

1歩引いて考えてみてください。**多くの企業内の課題を解決するには、データ分析は必須ではありません。**ビジネスの世界では、データ分析をしてもしなくても企業内の問題が解決すればよいのです。このような中で、あえてデータ分析をするからには、これまでとの違いを見せる必要があります。

では、どのような違いを見せればよいのでしょうか。非常にシンプルな話です。データ分析を活用することで、著しく良いインパクトをもたらし、そのことをわかりやすく表現し伝えることができればよいのです。

一番残念なのが、データ分析でビジネス成果を出しているのに、その成果をうまく表現し伝えることに失敗しているケースです。データ分析によるインパクトをもたらすだけでなく、わかりやすく表現する必要もあります。そうしないと、「データ分析≒無駄」となってしまい、ビジネスに貢献しないデータ分析という面倒な組織／業務が社内に増えた、と思われてしまいます。

では、どのようにその違いを表現すればよいのでしょうか。

1-2 ビジネス成果を「金額換算」して示せ!
インパクトを示せないデータ分析に価値はない

そのデータ分析で、おいくら万円?

筆者はたびたび、データ分析者に次のような質問を投げかけることがあります。

「そのデータ分析で、おいくら万円になりますか?」

データ分析の売値を聞いているわけではありません。この「おいくら万円?」とは、データ分析を本格的に実施することで、どれくらい利益アップが見込めるのか金額換算で説明できますか? ということです。

利益アップを実現するには、売上アップかコストダウンが必要になります。しかし現実は、そう単純ではありません。**データ分析の本格導入によって、売上アップだけでなく売上ダウンも起こり得ますし、コストダウンだけでなくコストアップも起こり得ます。**したがって、データ分析のビジネス成果を金額換算するときは、次の4つの金額を見積もることになります。

- 売上アップ
- 売上ダウン
- コストアップ
- コストダウン

図3はデータ分析を本格導入したときの利益変動の試算を棒グラフで示した例です。「データ分析の本格導入後」の黒で示した部分がデータ分析の効果の大きさである増分利益です。

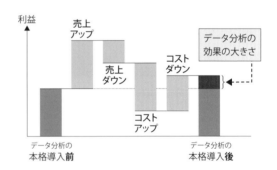

◆図3 データ分析の本格導入による利益変動

コストの変化を見積もるとき、わかりやすいモノの購入、外注費、システムの導入コストなどだけでなく、社内の「工数の変化」も忘れずにしっかり見積もりましょう。見積もり方は、本章の「1.6 業務プロセスレベルまで現場を把握せよ」の「5つに分類された業務と金額換算」で説明します。

どうしても金額で成果を示せない場合もあるかもしれません。そのときは、少なくとも定量的に示しましょう。そうしないと、データ分析の信頼を揺るがすことになります。

少なくとも定量的に示さないと、データ分析の信頼が大きく揺らぐ

データ分析には、大きく2つのタイプがあります。定量化されたデータを扱う「定量的な分析」と、フィールドリサーチやインタビューなどの「定性的な分析」です。2つのタイプについての議論はさておき、多くの人がイメージするデータ分析はどちらでしょうか。おそらく「定量的な分析」のイメージです。

何を言いたいかというと、「**定量的なイメージの強いデータ分析そのものの効果を、少なくとも定量的に示せないと、周囲の人は何となく矛盾を感じる**」ということです。データ分析の効果を定量的に示せていない、これだけでそのデータ分析への信頼が揺らぎかねません。要するに、データ分析の効果は、何かしらの定量的な指標を使って数字で示すことが、宿命づけられているのです。

定量的に示すと一口に言っても、定量的な指標はさまざまあります。たとえば、営業の「新規顧客数」や「受注金額」も定量的な指標です。人事の「新卒応募者数」や「新卒内定受諾率」も定量的な指標です。マーケターの「ブランド認知率」や「見込み顧客リスト件数」も定量的な指標です。

それでは、この中でビジネス上インパクトが大きく感じる指標はどれでしょうか。順位を付けるとすると、「受注金額」、「新規顧客数」、「見込み顧客リスト」の順になるのではないでしょうか。もちろん、「新卒内定受諾率」や「ブランド認知率」も非常に重要な指標です。

ここで言いたいのは、ビジネス上どのような指標にインパクトを感じるのか、ということです。収益などの**金額で示された指標の方がインパクトはありますし、金額で示されなくとも収益に近い指標の方がインパクトはあります**。

ビジネス成果の金額換算に挑戦しよう！

ビジネスの世界のデータ分析は、「**カネのにおい**」がする指標ほどインパクトを持ちます。下品な言い方で申し訳ないですが、事実です。

金額で示すことができればインパクト大です。あなたがもしビジネスの世界にいるのならなおさらです。その方が、その**データ分析の価値がストレートに伝わります**。図4でその一例を示します。

このような金額換算は、単にビジネス成果をわかりやすく表現しただけではありません。データ分析者に大きな意識変化を起こします。**金額換算するという意識が、データ分析者のビジネス成果への意識を飛躍的に高めるからです**。なぜでしょうか。

たとえば、「データ分析・活用の流れ」を図5のように、「Input → Output → Outcome」と単純化して考えてみます。Inputとは、記録されたデータを含めた「分析で使う情報」です。Outputとは、データ分析した「分析結果」そのものです。Outcomeとは、その分析結果を活用して得られた「ビジネス成果」です。

この中で、金額換算できるのはどこでしょうか。それは「Input → Output」ではありません。その先のOutcome（ビジネス成果）です。

つまり、「Input→Output」のデータ分析そのものの価値はOutcome（ビジネス成果）で評価され、その評価が金額換算できれば「Input→Output」のデータ分析そのものの価値評価を金額で示すことができるようになります。

ところで、Outcome（ビジネス成果）はどこで生まれるでしょうか。それは、「データ分析を活用する『現場』」です。この「データ分析を活用する『現場』」は、組織の末端だけではありません。たとえば、データ分析を活用する現場が「経営の現場」ならば、経営者向けのデータ分析になります。

この「データ分析を活用する『現場』」を強烈に意識しないと、Outcome（ビジネス成果）が生まれず、「成果の出る分析」ではなく「成果の出ない分析」をしてしまうことがありますので、注意が必要です。

次節では「成果の出る分析」とは何かについてみていきます。

状況
- 人事部採用課新卒採用担当グループで、毎年150名の新卒を確保できる目途が立つまで採用活動を実施
- 近年の売り手市場の影響もあり、採用コストの増大と採用活動の長期化、社員の残業が問題視

分析テーマ
- 採用活動の効率化（無駄な採用コストのカット、採用活動期間の縮小、人員コスト削減）

データ分析による成果

データ分析で、新卒150名の確保のための採用活動が**効率化した**
なぜならば、昨年よりも採用コストをあまりかけず、かつ、担当者の残業時間も減らしたのに、新卒内定者数は昨年と同水準を維持したからだ

できれば、定量的に示す

データ分析で、新卒150名の確保のための採用活動が**効率化した**
- 内定受諾率が50%（昨年）から80%（今年）に向上
- 採用コストは約3,000万円（昨年）から約1,500万円（今年）に半減
- インターンシップも含め約18ヵ月（昨年）かかっていた採用活動期間が15ヵ月（今年）で終了
- 次年度との採用活動期間の重なりが減ったこともあり、新卒担当者の残業時間は昨年に比べ約40%削減
- 新卒担当者を10人体制（昨年）から8名体制（今年）に減らした

プラス、成果全体を金額で示しインパクトを出す

データ分析で、新卒150名の確保のための採用活動が、**3,000万円ダウン**（採用コスト1,500万円ダウン、残業代含めた人件費1,500万円ダウン）と**効率化した**
- 内定受諾率が50%（昨年）から80%（今年）に向上
- 採用コストは約3,000万円（昨年）から約1,500万円（今年）に半減
- インターンシップも含め約18ヵ月（昨年）かかっていた採用活動期間が15ヵ月（今年）で終了
- 次年度との採用活動期間の重なりが減ったこともあり、新卒担当者の残業時間は昨年に比べ約40%削減
- 新卒担当者を10人体制（昨年）から8名体制（今年）に減らし、残業代含めた人件費が1,500万円ダウン

◆図4　成果を金額で示せばインパクト大

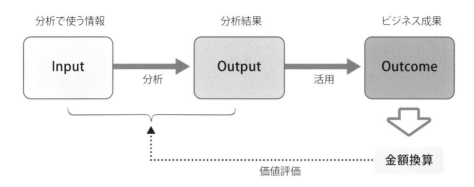

Outcome（ビジネス成果）でないと金額換算できない。Outcomeで金額換算され、はじめてデータ分析の価値評価が可能となる

◆図5　データ分析・活用の流れ

1-3 「スゴイ分析」より「成果の出る分析」を優先せよ！
手法偏重のトラップに陥るな

手法偏重というトラップがビジネス成果を阻む

　データ分析に慣れたころ、多くの人がハマるトラップがあります。そのトラップとは、**覚えたての分析手法やアルゴリズムを試したくなるという欲求**です。

　前節で述べた「データ分析・活用の流れ」（Input→Output→Outcome）で説明します（図6）。

　実際に、経験の浅い人ほどデータ分析の「Input→Output」の部分、特に分析手法そのものにフォーカスしてしまい、その先の「Output→Outcome」の意識が薄れ、手法偏重者になりがちです。筆者も20代〜30代前半のころ、何度かこのトラップにハマりました。

　データ分析の手法そのものにこだわり、新しい分析手法やアルゴリズムに挑戦することは、悪いことではありません。個人のナレッジやスキルが向上しますし、今まで以上のビジネス成果を得る可能性もあります。しかし、**残念ながら時間ばかり浪費し、その浪費した時間以上のビジネス成果を生むことなく、自己満足に終わる**ことが多いようにみえます。さらに、新しい分析手法の知識が浅いまま利用を試みる傾向もみられます。

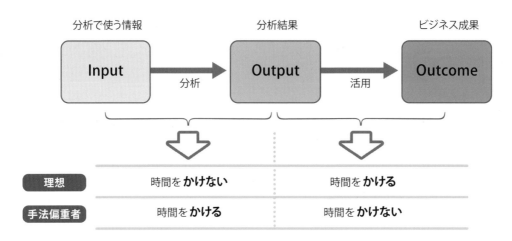

◆図6 「Output」より「Outcome」が重要

少なくとも、説明できない分析はしない

　少なくとも分析者がその**挑戦した新しい分析手法やアルゴリズムの分析結果に関して、現場に対しうまく説明できなければアウト**でしょう。

　自分自身がよく理解していないものを、他人（分析結果を活用する側）に押し付けても、押し付けられた側は「不安に思う」か「うさん臭く思う」かのどちらかです。

　では、どの程度理解し説明できるようになればよいのでしょうか。数学的な数式の展開レベルまで理解する必要はないかもしれません。しかし、どのようなデータに対し、どのような処理をし、そしてどのようなOutput（分析結果）が出力され、そのOutput（分析結果）はどのような意味を持つのかを説明できるぐらいの知識は最低限必要でしょう。**活用イメージが湧き、語れる程度の理解があった方がより好ましい**といえます。

　幸運にも最近は、わかりやすい分析手法の書籍が多数出版されています。インターネットを検索すれば、有用な情報もたくさんあります。インターネットで調べた情報だけを鵜呑みにせず、専門の書籍を購入し、気になる箇所を読んで理解を深めておいた方が望ましいです。しかし、分析手法の書籍はあくまでも分析手法がメインですから、読んだだけでは実務で使えるようにはなりません。読み方に工夫が必要になります。

　たとえば、次のような読み方をお勧めします。学生時代のような「学問的な読み方」ではなく、「実践的な読み方」です。**「実践的な読み方」とは、自分の仕事で扱っているデータで置き換えると、どのような意味を持つのだろうかとか、ビジネス上どのような意味を持つだろうかと考えながら、現実の実務の世界とリンクさせながら書籍を読む方法**です。活用イメージが湧くも

のと湧かないものが出てくることでしょう。活用イメージの湧かない分析手法は、実務で使うのは避けた方がよいでしょう。

「スゴイ分析」よりも「使える分析」、それは「成果の出る分析」

実務では、「スゴイ分析」ではなく、「活用イメージの湧く分析（使える分析）」を目指しましょう。ここで言う「スゴイ分析」とは、新しい分析手法やアルゴリズム、予測精度などを過度に追求した分析のことです。「スゴイ分析」を追求することは、それはそれで素晴らしいことですが、そのデータ分析が実務で活用されなければ無意味になってしまいます。一方、実務で活用イメージが湧く分析を、筆者は「使える分析」と言っています。正確には、**現場で活用してもらえて、ビジネス成果の出る可能性が高いデータ分析**です。

たとえば、ある故障予兆検知の予測モデルを構築したとき、実際に次のようなことがありました。構築したモデルは大きく次の2種類です。

- 流行りのディープラーニングで構築した予測モデル
- 昔からあるレガシーな重回帰をベースに構築した予測モデル

予測精度が高かったのは、ディープラーニングで構築した予測モデルでした。

では、現場で受け入れられたのはどちらでしょうか。受け入れられたのは、重回帰をベースに構築した予測モデルです。なぜでしょうか。

これにはいくつか理由があります。1つはわかりやすさで、もう1つは金額換算したときの成果の大きさです。

わかりやすさという点では、重回帰をベースに構築した予測モデルの方に分がありました。1つの数式で表現され、なぜその予測値になったのかわかりやすかったからです。一方、ディープラーニングによる予測モデルは、なぜその予測値になったのかがわかりにくく、現場からは「なぜ、あえてわかりにくくするのか」という不満の声がチラホラ出てきました。

2つめの理由は成果の大きさです。予測精度という点ではディープラーニングの方が高精度でしたが、得られるビジネス成果を金額換算すると、重回帰をベースに構築した予測モデルとの差はまったくありませんでした。高精度といっても、それほどビジネスインパクトはなかったということです。

筆者の考えですが、**新しい分析手法にチャレンジする可能性を閉じるのではなく、余力があれば挑戦するぐらいがちょうどよい**のではないかと思います。要するに、**挑戦は一旦脇に置いて、イメージが湧く「使える分析」で確実な成果を担保するのが優先**です。そして、**余力があれば余った時間で新しい分析手法に挑戦し、現場の意見を聞いてみる**のがよいでしょう。

このとき、分析結果の解釈を現場に丸投げすることなく、どういったものか理解してもらえるようにしっかり説明しましょう。そうしないと、「意味わからん……」と思われることになり、まともな意見は望めません。

次節ではこの「分析結果の解釈」についてのポイントを詳しくみていきます。

1-4 分析結果を現場に丸投げするな！
ビジネス成果までに責任を持てば「で?」とはならない

分析結果を丸投げされ困惑する現場の人々

分析結果に対し、データ分析を活用する『現場』から次のように思われたらおしまいです。

「で、具体的に何をすればいいの?」

つまり、何をすればよいのかが見えない分析結果ということです（図7）。

このような分析結果が続くと、そのデータ分析は現場から無視されるようになります。分析結果が活用されなければ、データ分析によるビジネス成果は生まれません。データ分析のコストは垂れ流しになります。データ分析のコストには、データ収集基盤や分析基盤などのIT投資や運用コスト、データ分析のための作業に要した工数コスト、現場の人が打ち合わせに参加した工数コストなどです。これらがすべて無駄になります。

このように「で?」と思われる要因はいくつかありますが、その中でも最も問題なのは分析結果が「**誰が何をやるのかが不明瞭**」なケースです。データ分析の結果を聞いた人は、たとえば次のように思っているかもしれません。

「自分には関係ない……」
「きっと他の誰かのことだろ……」
「面倒そうだな。知らない振りをしよう……」

現場から他人ごとや面倒ごととして分析結果が扱われてしまうのです。ここでは、名指しする勢いで、**具体的に誰が何をやるのかを、得られる成果とともに提示する必要があります**。

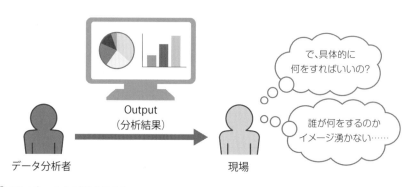

◆図7　「で?」となったら活用されない

心の中で「現場で考えてくれ」と叫んではいけない

明確に提示できないデータ分析者の思惑としては次のようなものかもしれません（図8）。

「微妙な反応だな。理解しているのかな…」
「誰が何をやるのかは、現場で考えてよね…」
「『誰』だけでも、とりあえず現場で決めてよ…」

このような場合は、データ分析の専門家であるデータ分析者が一緒になって考えて決める必要があります。一緒になって考えるというよりも、**データ分析者が積極的に現場をリードするぐらいがちょうどいいです**。

データ分析者は、分析結果を出すだけでなく、その分析結果を使って現場で誰がどのように動くべきかを一緒に考えてください。**ほったらかすと、いつまでもデータ分析の結果が実務で活かされません**。では、具体的にどうすればよいのでしょうか。

Output（分析結果）までではなく、Outcome（ビジネス成果）まで関与しよう

データ分析に求められているのは、Output（分析結果）ではなくOutcome（ビジネス成果）であると前述しました。データ分析者の役割を「Output（分析結果）を出すところまで」と考えるのではなく、明確に図9のように「Outcome（ビジネス成果）を確実に手にするところまで」と考えましょう。

より確実なOutcome（ビジネス成果）を得るためにも、Output（分析結果）を現場へ丸投げしてはいけません。Outcome（ビジネス成果）の可能性を他者に委ねることになるからです。

特に、データ分析の活用経験の少ない現場であれば、データ分析者は現場と二人三脚で、Outcome（ビジネス成果）まで積極的に関与する必要があります。そして、積極的に関与することで、データ分析者の本気度が現場に伝わり、今まで以上に良好な関係が築け、ビジネス成果を一緒に生み出すという意識が醸成されることでしょう。

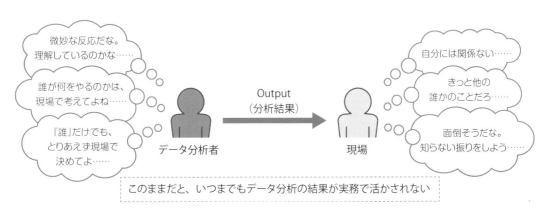

◆図8　分析結果の扱いを巡る攻防例

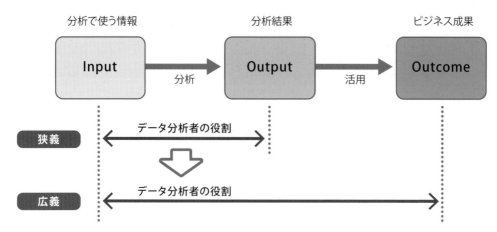

◆図9　データ分析者の役割はOutcome（ビジネス成果）まで

　何はともあれ、現場にOutput（分析結果）を丸投げするようなことは、できるだけ避けてください。

　本節では、分析結果に対して現場から「で?」とならないためのポイントを解説しました。データ分析において、現場の理解を得る必要があるのは明らかです。次節では現場の知識との乖離が生む問題とその対処法を解説します。

1-5 「現場」を知る努力をせよ!
まったく知らない現場を分析することの恐怖

現場を知らなすぎるとあきれられるデータ分析者達

　データ分析の結果を疑われる要因の1つに、「**現場を知らなすぎる**」というのがあります。データ分析者が、現場そのものを深く知らないことは仕方ないとしても、次のような声が現場から聞こえたら危険です。

「ここまで知らないとは……」

　図10はその一例です。

　現場にいる人が自らデータ分析をしない限り、現場との乖離はどうしても生まれてしまいます。しかし、**忙しい現場に「高度なデータ分析人財」がいることは稀**です。

　会社として本格的にデータ分析を活用しようと考えたとき、データサイエンスの専門部署を設

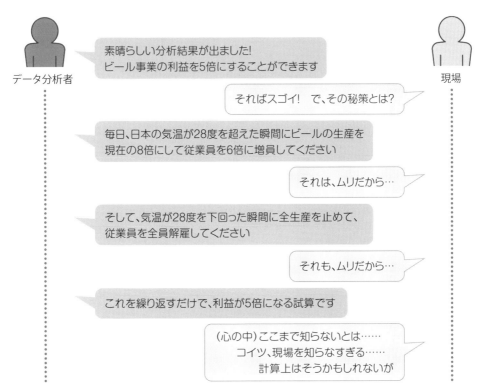

◆図10　現場を知らなすぎるとあきれられた、とあるデータ分析者の場合

置するか、データ分析の専任者を置くことが多いでしょう。社内人財が不足している場合、外部のデータ分析の専門会社やコンサルティング会社などに頼むことも多いでしょう。つまり、現場と離れたところにデータ分析者がいるケースが多いのです。そのため、「**現場を知らなすぎる**」とあきれられないよう、**常日頃努力する必要があります**。そうしないと、後々大きな問題に発展する可能性があります。たとえば、あきれられた状態で、データ分析の結果と現場の感覚が大きく乖離した場合、信頼関係が崩壊します。

データ分析結果と現場の感覚が矛盾するとき

多くの分析結果は、現場の感覚と大きくずれることはあまりありません。なんとなく感じていたことの裏付けがとれる、といったケースが多いでしょう。**大きな乖離が起きた場合、データ分析の振る舞いが重要になります**。

以下の2つのタイプの乖離が考えられます。

- タイプ1：現場の感覚が正しく、データ分析の結果が間違っている
- タイプ2：データ分析の結果が正しく、現場の感覚が間違った思い込みである

「タイプ1」の場合、データ分析そのものへの信頼が揺らぎます。この場合、現場から間違いを指摘されたとき、分析結果が正しいと意地を張るとろくなことになりません。信頼関係が崩壊します。素直に耳を傾け、誠意をもって対応

しましょう。

「タイプ2」の場合、現場の間違った思い込みを現場の人に認識してもらう必要があります。間違った思い込みを認識してもらうアプローチを適切に行わないと、おかしな分析結果を無理やり飲み込ませようとしていると思われ、信頼関係が崩壊します。

では、信頼関係を崩壊させないため、何が必要でしょうか。少なくともデータ分析者が**現場のことをある程度知っている、もしくは、積極的に現場を知ろうという姿勢**が必要です。

「タイプ1」の場合、現場のことをある程度知っていれば、データ分析の結果を鵜呑みにせず、現場から指摘される前に、その間違いに気づくことが多いです。

「タイプ2」の場合、データ分析者が「現場のことをある程度知っている」、さらに「積極的に知ろうとしている」というのであれば、現場にとって違和感のある分析結果であっても「もしかしてそうかもしれない」と、話しを聞いてもらえる可能性が高まります。

そもそも、**現場のことをまったく知らない人に、現場の思い込みを語ることはできない**でしょうし、そのような人に対し、現場は耳を傾けないことでしょう。

最低限、インタビューはしよう！

それでは、データ分析者が現場をある程度知るために、何をする必要があるでしょうか。少なくとも、**「現場に近い人へのインタビュー」を通した現場理解が必要**です（図11）。そもそも、現場をある程度知らないことには、どのようなデータ分析をすればよいのか、その判断すら適切にできないことでしょう。

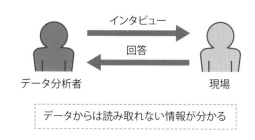

◆図11　現場に近い人へのインタビュー

「現場に近い人へのインタビュー」から、いろいろなことがわかります。一番の利点は、**データからは読み取れない情報を得られる**ことです。その情報は、「どのようなデータ分析をすればよいのか」だけでなく、前項で取り上げた「その分析結果が妥当かどうか」の判断や「その分析結果の解釈」などにとっても非常に重要です。

そもそも、**データは実際に起こった事象のほんの一部にすぎません**（図12）。**多くの事象は、データとして記録されていません**。データとして記録されていない重要な何かを押さえておくためにも、最低限のインタビューが必要でしょう。

たとえば、原材料の調達先の国内問題が原因で製造ラインの一部が少しだけストップしたとか、ちょっとした流通上の手違いで商品の売れ行きが一時期落ち込んだとか、このような突発的なことは人の記憶や業務日報などには残っているかもしれませんが、データ分析で利用しやすい「定量的なデータ」としては記録されていないかもしれません。このようなことは、

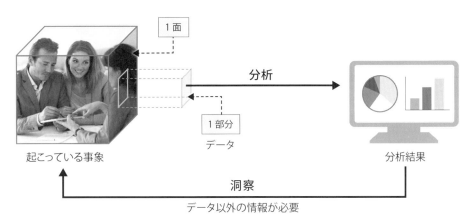

◆図12　データは「事象」の「1面の1部分」だけ

インタビューによって当事者に直接聞けばすぐにわかります。

本節で「現場」の理解についての重要性について触れました。ではどの程度まで理解できればいいのでしょうか。次節でもう少し詳しくみていきます。

1-6 業務プロセスレベルまで現場を把握せよ！
リアルな人の動きが見えればデータ分析の活用が加速する

「業務プロセス」が見えると、データ分析が躍動する

先ほど、最低限インタビューをした方がよいと述べました。できれば、そのとき**「データ分析を活用している『現場』」に足を運ぶ**のがお勧めです。さらに、短期間でよいので**現場でリアルな業務体験をする**と最高です。単にインタビューをする以上に、**「成果の出る分析」**にだいぶ近づきます。

データ分析者はデスクワーク中心のイメージがありますが、本当にデスクワークばかりになっていたら危険です。フットワークを軽くしましょう。あるときは現場に積極的に通う必要も出てきます。しかし、ただ単に現場に行っただけでは、ビジネス成果に直結しないかもしれません。

現場に行ったときに、ぜひ押さえておいた方がよいポイントがあります。そのポイントとは、**「業務プロセス」**の理解です。理解すべき「業務プロセス」は、理想の「業務プロセス」でも、建前上の「業務プロセス」でもありません。今

現在どのようになっているのかのリアルな「業務プロセス」です。したがって、上層部や管理部門から聞いた「業務プロセス」ではなく、リアルに現場にいる人から聞くことが必要です。もちろん、つい最近まで現場にいた人でも構いません。少なくともリアルな現場を語れる人でないと危険です。詳しくは話せませんが、筆者は何度か痛い目にあっています。

人の動きの見えない分析に納得感は生まれない

驚くべきことに、今現在どのようになっているのかというリアルな「業務プロセス」が見えると、データ分析の活用が躍動しはじめるのです。なぜ「業務プロセス」が見えるとデータ分析の活用が躍動するのでしょうか。

「業務プロセス」をとらえることで、人の動きが見えてきます。人の動きが見えてくることで、データ分析の活用場面が浮かび上がってきます。すると、どの業務のどの場面で、どのようなデータ分析を活用すればよいのかがわかります（図13）。

その結果、データ分析をする側（データ分析者）にとっても、そのデータ分析を活用する側（現場）にとっても、非常にハッピーな状況が生まれます。

まとめると、データ分析をする側（データ分析者）にとっては、「誰が、どのタイミングで、どのようなデータ分析をし、どのような分析結果を出せばよいのか」が見えてきます。そして、データ分析を活用する側（現場）にとっては、「誰が、どのタイミングで、どの分析結果を参考に、どのように動けばよいのか」が見えてきます。

このように「業務プロセス」が見えてくると、データ分析に具体性が宿り、データ分析そのものが躍動しはじめます。さらにこの「業務プロセス」について解説していきます。

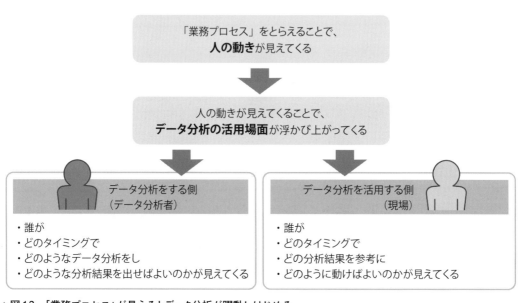

◆図13 「業務プロセス」が見えるとデータ分析が躍動しはじめる

5つに分類された業務と金額換算

ここで言っている「業務プロセス」の理解とは、単に「業務プロセス」がどうなっているのかを知ることだけではありません。未来を含めて理解するのです。端的に言うと、「データ分析の活用前後で『業務プロセス』がどのように変化するのか」を理解することです。

場合によっては、データ分析者がその変化を描く必要もあります。実際は、現場とデータ分析者の共同作業です。この具体的に描いた「データ分析の活用前後の『業務プロセス』の変化」を共有することで、関係者間の認識を統一できます。

このとき、業務プロセスの変化をざっくり次の5つに分類して考える必要があります。

- 新たにはじめる業務（今までなかった、新たに実施する業務）
- 工数の増える業務（今まであり、工数の増える業務）
- 工数の変化しない業務（今まであり、工数の変化しない業務）
- 工数の減る業務（今まであり、工数の減る業務）
- 止める業務（今まであったが、無くなる業務）

つまり、「業務プロセス」の変化を描くことで、何を新たにはじめ、何を止め、どの業務の工数が増えて、どの業務の工数が減り、どの業務が今までと変わらないのかがわかるようになります。図14は業務プロセスの変化を描いた例です。

「業務プロセスの変化」は、そのまま「工数の変化」です。「工数の変化」は、「コストの変化」につながります。前述したように、データ分析者は、ビジネス成果を提示できなければなりません。ここでは業務プロセスの変化を金額換算して見積もる方法について説明します。

コストは大きく2種類に分けられます。「目に見えやすいコスト」（「モノ」にまつわるコスト）と

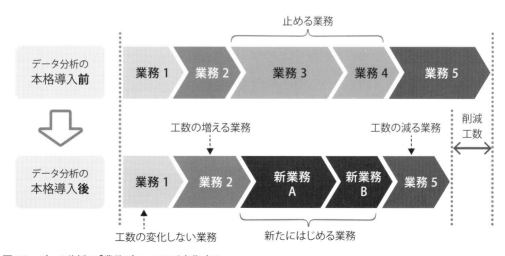

◆図14　データ分析で「業務プロセス」が変化する

「目に見えにくいコスト」（「コト」にまつわるコスト）です。

「目に見えやすいコスト」（「モノ」にまつわるコスト）とは、分析基盤の導入コストやシステムの運用・保守コストなどです。このコストはわかりやすく見積りやすいでしょう。

「目に見えにくいコスト」（「コト」にまつわるコスト）とはシステム担当者やデータ分析者、データ分析を活用する「現場」などの工数コストです。データ分析の活用を本格化すると、人の動きが今までと変わります。この「工数の変化」による「コストの変化」をとらえるためにも、「業務プロセス」を描く必要があります。

では、具体的にどのように工数コストを見積もるのでしょうか。各業務の工数コストを見積もるには、次の3つの要素に分解して考えます。

- 作業単価（円／分）
- 作業時間（分）
- 作業回数（回）

つまり、「工数コスト（円）＝作業単価（円／分）×作業時間（分）×作業回数（回）」の方程式にもとづき計算します（図15）。

これで各業務の人の「動き方の変化」による「コストの変化」を見積もることができます。

直接的に売上を左右しない現場の場合、データ分析の活用前後のコストの差分をデータ分析のビジネス成果とすることも多いため、この「コストの変化」の見積もりが最重要になります。P4の「ビジネス成果を『金額換算』して示せ！」をもとに、ビジネス成果を金額換算するときの参考にしてください。

このように、「業務プロセス」の変化を描くことは一石二鳥です。**現場の動き方の変化が見**

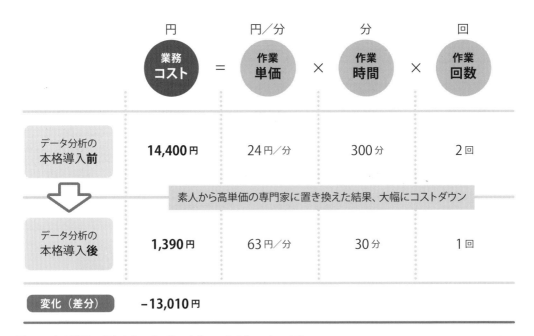

◆図15　ある業務の月あたりの「工数の変化」による「コストの変化」

えることで、具体性が生まれるので現場は動きやすくなり、データ分析によるビジネス成果を得る可能性が高くなります。さらに、工数の変化にもとづくコストを見積もることで、データ分析によるビジネス成果の金額換算ができるようになります。

さっそく明日から、データ分析の現場で試してみたくなってきたでしょうか。次節では、データ分析をどこからはじめるのがよいのか考えていきます。

1-7 小さくはじめて大きく波及させよ！
成功体験の積み上げと2つのアプローチ

最初は誰も信じないデータ分析

データ分析を活用している企業は、いきなり最初からうまくいったのでしょうか。筆者の経験から言うと、**データ分析のビジネス活用は「小さくはじめる」と比較的うまくいきます**。それなりに時間がかかりますが、少なくとも失敗した例を筆者は知りません。もちろん、経営者の強烈なリーダーシップのもと、データ分析のビジネス活用をいきなり大きくはじめ、短期間でうまくいった例もあります。

図16は、時間の経過とともに部署やテーマを拡げていくデータ分析を「小さくはじめる」イメージです。データ分析のビジネス活用を「小さくはじめる」とは、どういうことでしょうか。

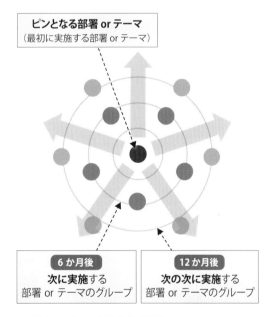

◆図16 小さくはじめ大きく波及

まずは、今あるデータとツールではじめてください。そして、ターゲットとする部署やテーマを小さく絞ります。そこでデータ分析を実務で活用し、どんなに小さくてもいいので成功の経験をすることです。その成功体験が、「最初は誰も信じ

ないデータ分析」を信じるきっかけになります。

大掛かりにはじめる必要も、大々的な組織で行う必要もありません。データの取得やツールに大規模な投資をする必要も、ものスゴイ人財が必要なわけでもありません。

では、どの程度の成功体験が必要なのでしょうか。

ちょっとした成功体験で十分

ちょっとした成功体験が、「最初は誰も信じないデータ分析」を信じるきっかけになります。どのような成功体験が最初に必要なのかは、会社や組織によって変わります。一例を紹介します。

たとえば、ある自動車メーカー。

ホームページの「アクセスログの集計レポート」を試乗申し込み者ごとに作成し、販売会社の営業担当向けに提供をはじめました。試乗予約した人が、どのページをたくさん見ているのかを集計しただけですが、好みの車や何に関心があるのかが、何となく見えてくることもあります。

そのレポートを参考にするかどうかは、各営業担当者次第です。レポートもA4で1枚程度で、「読んで理解する」というよりも「眺めても理解できる」ということに主眼をおいたため、営業担当者にとって大きな負担になるものではありませんでした。しばらくすると、多くの営業担当が、そのレポートを参考に接客するようになりました。データ分析への信頼が出てきたところで、次のステージに進みました。

営業担当の動きを大きく変えることなく、新た

なデータを取得することもなく、今まで蓄積してきたホームページのアクセスログを集計し、営業担当が使いやすいようにレポートを作っただけです。最初は、これぐらいで十分です。

たとえば、ある部品メーカー。

取引履歴のデータを使い、「顧客別の推奨商品ランキング」を作るところからはじめました。「顧客別の推奨商品ランキング」から、次に紹介する商品の候補を知ることができます。

毎週データ分析担当者が、1時間ほどで「顧客別の推奨商品ランキング」を作り、各営業担当者に共有しました。営業担当者の多くは、週1回そのランキングをちょっと確認するぐらいで、営業担当者の動きを大きく変えることはありません。もちろん、新たにデータを取得することもありませんでした。すでにあるデータだけ使いました。営業担当者の間で、「これは便利だ!」という声が大きくなったところで、次のステージに進めました。

次のステージでは、営業担当者から担当する顧客へメール連絡する際に、「さりげなくメールの中に『顧客別の推奨商品ランキング』の上位の商品を紹介し反応をみる」ということをしました。どの程度興味がありそうかを知るためです。こちらは、新たにデータを取得しました。メール内にある「商品ページのリンクをクリックしたかどうかのデータ」を取得したのです。これがうまく回るようになってから、さらに次のステージ進みました。

このように徐々に進めるくらいで十分です。最初はスピードがなくヤキモキするかもしれま

せん。成果が出るということがわかると、途中から急激にデータ分析の活用が進みます。

2つの代表的なアプローチ

データ分析の活用レベルを上げる2つの代表的なアプローチがあります。

詳しくはそれぞれの書籍を参考にしてほしいのですが、ジム・デイビスら（2007）「分析力のマネジメント」（ダイヤモンド社）で紹介されている**「情報価値を最大化するための5段階」**と、トーマス・ダベンポートら（2011）「分析力を駆使する企業」（日経BP社）で紹介されている**「分析力を駆使する発展の5段階」**です。

たとえば、2つのアプローチを掛け合わせた表を作り、現状どの位置にあり、**理想とする夢**をどこに置き、その夢に向け**現実的な短期目標**をどこに置き、**当面の中長期目標**をどこに置くのか、などを考えてもよいでしょう（図17）。

2つのアプローチの掛け合わせでも、どちらか1つだけでも構いません。自社にあったアプローチを選択してください。このとき、アプローチの段階は自社に合うように作り変えてください。この2つのアプローチは汎用的なものです。実際には、具体的な組織名や個人名、具体的なデータや成果を記載します。そして、データ分析の活用の輪を小さくはじめ大きく波及させる「波及戦略」を考えましょう。

この「波及戦略」を考えるとき、組織の横展開による波及もあれば、データ分析のテーマとなる課題を増やすことによる波及もあります。さらに、分析力や活用力を強化するために、研究開発や教育訓練、IT化などへの取り組みも、併せて考えていく必要があります。

この「波及戦略」に取り組むとき、1つ注意点があります。課題のすべてをデータ分析で解決しようと考えないことです。一体どういうことでしょうか。

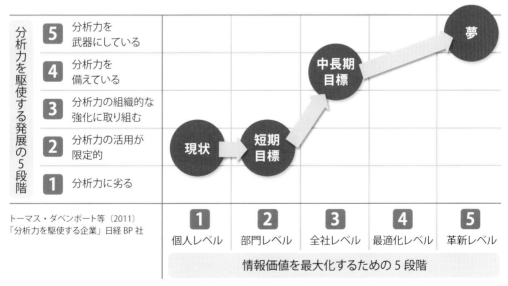

◆図17　目標の「ホップ（短期）・ステップ（中長期）・ジャンプ（夢）」の設定例

第1章　ビジネス貢献するデータ分析「7つのポイント」

1-8 問題解決に積極的に関与せよ！
逆算思考でうまくいく

手段が目的化するとき、それはビジネス成果から遠のくとき

　今までデータ分析を積極的に活用していなかった企業や組織が、**データ分析で何かしようと取り組みはじめると、ある勘違いをすることが多い**です。それは、データ分析はあくまでも課題解決の手段の1つにすぎないにもかかわらず、データ分析を主役にしてしまうことです。つまり、データ分析は脇役なのです。単なる脇役ではなくスゴイ脇役です。名脇役です。しかし、うまく扱わないと、名脇役ではなく迷脇役になってしまいます。一番よくないのが、「データ分析をするために課題テーマを探す」という手段と目的が逆転する現象です。データ分析という「手段」が目的化し、課題解決という「目的」が手段化しています。

　たとえば、流行りのディープラーニング。

　ディープラーニングは単なる手法の選択肢の1つにすぎません。ここ数年これが主役になってしまうという現象が、多々見受けられます。たとえば、次のような叫びです。

　「よしAIだ！　そうだ!! ディープラーニングで何かしろ!!!」

　手段が目的化した瞬間です。

　下手をすると、ディープラーニングをするためのビジネス上のテーマを探すところからはじまります。もしかしたら、他の分析手段の方が良い結果を生み出すかもしれません。この場合、その可能性が最初からなくなります。

　笑い話のように感じる方もいるかもしれませんが、筆者の関わったデータ分析プロジェクトでこのようなことが実際に何度かありました。「必ずRNN（リカレントニューラルネットワーク）を使え！」「必ずDSEM（ダイナミック共分散構造分析）を使え！」など、研究のためならわかりますが、ビジネス成果を得るためと考えたときにはどうでしょうか。

　問題設定によっては、ディープラーニングで成果が出ることもあります。このときも計算コストやスピード、得られる便益などを考慮することが必要です。多くの場合、従来の時系列解析のためのARIMA系のモデル（SARIMAXやVARなどを含む）や状態空間モデルの方が良い結果を生み出す印象があります。場合によっては、ディープラーニングどころかデータ分析すら必要ないこともあります。

　もちろん、**チャレンジすることは悪いことではありません。問題はデータ分析が出しゃばること**です。ビジネス成果から遠のきます。

ベタだけど、課題先行で考える「逆算思考」が効く

では、データ分析が「迷惑な脇役にならないようにする」には、どうしたらよいのでしょうか。特別なことはありません。単純に、**課題先行の逆算思考**で考えれば済みます。ここでいう逆算思考とは、たとえば次のようなアプローチです。

- まず、課題（解決すべき問題）を洗い出す
- 次に、各課題が解決された状態を考える
- そして、そのためには何が必要なのかを考える
- そして、仮にデータ分析が必要ならば、どのような分析が必要かを考える
- そして、その分析をするために、どのようなデータが必要になるのかを考える

このように課題（解決すべき問題）を洗い出し、各課題が解決された状態から逆算して、どのようなデータ分析をすべきなのか考えていく思考法です。

ここで注意すべき点があります。「**課題を洗い出すときにデータ分析のことはまったく考えない**」ということです。つまり、データ分析を活用するかどうかに関係なく「課題を洗い出す」ということです。この洗い出した課題は、3つのタイプに大別されます。

- タイプ1：データ分析を使う必要がまったくない課題
- タイプ2：データ分析をフル活用する方が良い課題
- タイプ3：ちょっとだけデータ分析の力を借りる方が良い課題

筆者の経験上、「データ分析をフル活用する方が良い課題」はほとんどありません。ところが、「企業内で、データ分析で何かやるぞ！」という声が上がった場合、この「データ分析をフル活用した方が良い課題」をいきなり探すところからはじめることが多い気がします。おそらく、あまり見つからないことでしょう。あまり見つからないどころか、データ専門の部署を設立後、まったく見つからないまま1年以上過ぎた企業もあります。

実際には「ちょっとだけデータ分析の力を借りた方が良い課題」が大半です。ところが、このタイプの課題をいきなり見つけるのは至難の業です。ある程度のデータ分析の実務経験がないと見つけられないのです。しかし、実務経験に関係なく見つける方法があります。それが、先ほど言及した逆算思考です。

データ分析で課題解決しなくてもいいじゃない！解決さえすれば

「データ分析を使う必要がまったくない課題」や「ちょっとだけデータ分析の力を借りる方が良い課題」を解決するにあたって、データ分析者に「ある姿勢」が問われます。特に、「データ分析を使う必要がまったくない課題」の場合、自分の業務の範囲外とみなしこれらの課題や業務を退けるか、データ分析と関係ないけれども何かしら関与して自分の仕事を増やすのかです。

人によって考え方はさまざまでしょう。しかし、ビジネス上の多くの課題は他の課題から「完全

に独立し存在する」ことは少なく、互いに何かしらつながっていることの方が多いです。筆者の考えですが、**データ分析を「使うor使わない」で、データ分析者がその課題に対する「姿勢を変える必要はない」**と思います。データ分析はあくまでも手段です。目的は、ビジネス上の課題を解決しビジネス成果を出すことです。

「データ分析を使う必要がまったくない課題」であっても、課題解決に知恵を貸せば、多くの場合喜ばれるのではないでしょうか。嫌がられない限り積極的に動いてもよいのではないかと考えます。そうすることで、現場を十二分に知ることができ、血の通った人の顔が見えるデータ分析を実施できるのではないでしょうか。それに意外なところで、データをうまく使うとよい場面に出くわすかもしれません。

先ほども述べましたが、多くの課題は「ちょっとだけデータ分析の力を借りた方が良い課題」です。このような課題に対する「課題解決のための動き」の大部分は、「あまりデータ分析と関係ない動き」をすることになります。このような場合、データ分析者が積極的に課題解決に関わると、データ分析以外の業務に多くの時間を割くことになります。逆に、データ分析以外の業務を避けるようだと、ビジネス成果を得ることは難しいでしょう。

極論を言うと、**データ分析を活用するかどうかに関係なく、「課題が解決すればいい」はず**です。実際、課題が解決すれば喜ばれますし、大きなビジネス成果の1つとなることでしょう。つまり、課題解決にとって、データ分析が最適なソリューションでなければ、データ分析をすることをキッパリ切り捨てるということです。

データ分析は道具にすぎません。無理して道具を使う必要はありません。紙を切るためにノコギリを使うことがないのと同じです。逆に、紙を切るのにノコギリを使おうとすると、かなり大変でしょう。データ分析も同じです。使わなくていいのに無理やり使おうとすると、大変なことになるでしょう。

1-9 なぜ、データ分析がうまくいかないのか
データ分析者が動かなければ何も変わらない

データ分析する側の問題も小さくない

「うちのデータ分析、あまりビジネス貢献し

ていない……」

本章の冒頭の再現です。このような声は、マネジメント層やデータ分析を活用する側(現場)からだけでなく、データ分析をする側(データ分

析者）からも、最近よく聞くようになりました。何がいけないのでしょうか。

- データがおかしいのでしょうか？
- データ分析のレベルが低いのでしょうか？
- 分析基盤が整っていないからでしょうか？
- データ分析を活用する側にやる気がないのでしょうか？
- 現場のデータ分析のリテラシーが低いからでしょうか？

うまくいかない要因はいろいろありますが、**データ分析する側（データ分析者）の要因も少なくありません**。その中には、**データ分析者が積極的に動くことで、何とかできるものもあります**。

それでは、データ分析者は何を意識し、どのように動けばよいのでしょうか。これに対して、本章ではデータ分析者がビジネス貢献するために意識すべき7つのポイントを説明してきました。

7つのポイント

ポイントは次の7つです。

1. ビジネス成果を「金額換算」して示せ！
2. 「スゴイ分析」より「成果の出る分析」を優先せよ！
3. 分析結果を現場に丸投げするな！
4. 「現場」を知る努力をせよ！
5. 業務プロセスレベルまで現場を把握せよ！
6. 小さくはじめ大きく波及させよ！
7. 課題解決に積極的に関与せよ！

すべて必要なのか？ 他にないの？

ではこの7つをすべてやらなければうまくいかないのでしょうか。

もちろん、すでにできていることもあれば、そうでないものもあるでしょう。今できていなくても、すぐにできそうなこともあるでしょうし、そもそも物理的に無理なこともあるかもしれません。さらに、この7つ以外にも、重要なことがあるかもしれません。たとえば、メタデータをどのように記録し共有するのか、人財をどう育成（スキルやキャリアパスなど）すべきなのか、データ品質の維持・管理やデータガバナンスをどうすべきか、分析レポートやダッシュボードをどう構成するのか、など。細かくポイントを挙げれば、10や20ではすみません。

本章では筆者の約20年のデータ分析人生の経験を通して、7つのポイントを選びました。ほとんどが**データ分析者の意識とそれに伴う動きに関するもので、やろうと思えば明日からできます**。これを試すだけでもだいぶ変わるのではないかと思います。もし、あなたのデータ分析やあなたの属する組織のデータ分析がうまくビジネス貢献できていないのであれば、**7つの中からいくつか試してみてください。好転する可能性があります。ぜひ、チャレンジしてみてください**。

あなたのデータ分析やあなたの属する企業のデータ分析が、今まで以上にビジネスに貢献し、そしてあなた自身が周囲から評価される好循環が生まれることを祈っています。

Software Design plus　　　技術評論社

改訂2版 データサイエンティスト養成読本
プロになるためのデータ分析力が身につく!

2013年に刊行した「データサイエンティスト養成読本」の改訂版です。データサイエンティストを取り巻くソフトウェアや分析ツールは大きく変化していますが、必要とされる基本的なスキルに大きな変化はありません。本書は「データサイエンティスト」という職種について考察し、これから「データサイエンティスト」になるために必要なスキルセットを最新の内容にアップデートして解説します。

佐藤洋行、原田博植、里洋平、和田計也、
早川敦士、倉橋一成、下田倫大、大成浩子、
奥野晃裕、中川帝人、長岡裕己、中原誠 著
B5判／168ページ
定価(本体1,980円＋税)
ISBN 978-4-7741-8360-2

大好評発売中!

こんな方におすすめ
・データ分析担当者
・マーケター

Software Design plus　　　技術評論社

データサイエンティスト養成読本 登竜門編

データサイエンティストはここ数年で生まれた職種です。どんなスキルを身に付ければ良いかはいろいろなところで語られ、現役のデータサイエンティストのスキルもバラバラなのが現実です。さまざまな技術がある中で、本書ではデータ分析者をはじめる前に最低限知っておきたい知識を取り上げます。
シェルは知らなくても良いでしょうか?
基本的なSQLは書けなくても良いでしょうか?
データフォーマットの知識は不要でしょうか?
機械学習の基礎知識は不要でしょうか?
初学者にとっては避けて通れない知識、現役データサイエンティストにとっては知らないと恥ずかしい知識を登竜門編として1冊にまとめています。

高橋淳一、野村嗣、西村隆宏、水上ひろき、
林田賢二、森清貴、越水直人、露崎博之、
早川敦士、牧允皓、黒柳敬一 著
B5判／240ページ
定価(本体1,980円＋税)
ISBN 978-4-7741-8877-5

大好評発売中!

こんな方におすすめ
・データ分析初心者、データサイエンティスト志望者

第**2**章

データ分析の プロジェクトマネジメント

シンプルな4つのプロセスからはじめる

《著者プロフィール》
矢部章一（やべ　しょういち）
コニカミノルタジャパン株式会社　データサ
イエンス推進室　室長
大手通販会社など複数社を経て、コニカミノ
ルタジャパンにてデータサイエンス部門設立
の責任者として従事。
独自のノウハウを用いた人材育成と現場と一
体となったモデル作成を考案し、故障予測
や売上予測、顧客判別などを構築する。部
門設立1年以内で投資額を上回る大きなビジ
ネス効果を生み出す。個人でも各種コンサル
ティング活動を行う。

データサイエンスに取り組み、効率的に効果を出すには、
データサイエンスをプロジェクトととらえて推進するしくみが
必要です。本章では筆者が考案したデータサイエンスプロ
ジェクトを推進するためのメソッドを公開し、4つのプロセス
についてポイントとともに解説していきます。

2-1　マネタイズできていますか?

2-2　データサイエンスの目的

2-3　プロセス1：現場の理解

2-4　プロセス2：コンセプトの策定

2-5　プロセス3：具体的施策のプライオリティ策定

2-6　プロセス4：モデル開発と運用

第2章　データ分析のプロジェクトマネジメント

2-1 マネタイズできていますか？
データサイエンスをはじめるときの重要な視点

データサイエンス
チェックリスト

まず本章がみなさんにとって読む価値があるかどうかを判断するため、次の簡単なチェックリストを試してみてください。

- ✓ 1. データサイエンスを全社的に理解できている
- ✓ 2. データサイエンスの投資回収ができている
- ✓ 3. データサイエンティスト育成が社内でできている
- ✓ 4. 全社的にデータサイエンス活動に参加できている

すべてチェックできた方は本章を読み飛ばしてください。

きっかけは何？

昨今、さまざまな企業がデータ利活用を目論んでデータサイエンスを導入しています。データで何かしらのモデルを作ることは比較的簡単にできると思います。しかし作ったモデルを事業転用（マネタイズ）しようとした瞬間に、セク

ショナリズムをはじめとしたさまざまな障壁が立ちはだかって、うまくいかないことも多いのではないでしょうか。

データサイエンスをはじめたきっかけは何でしょうか？　流行っているから？　それとも経営者から指示されたから？　単にAI技術を学んだからでしょうか？　きっかけはなんにせよ、大切なのは**マネタイズの視点**です。次節以降、データサイエンスをプロジェクトマネジメントに落とし込み、効率的な運用でマネタイズするしくみをいくつか紹介します。

2-2 データサイエンスの目的
あなたの会社のデータサイエンスは何を目指しているのか

自社のあるべき姿

データサイエンス導入初期では、「データサイエンスで何ができるの?」のような懐疑的な質問が多いと思います。そもそもデータサイエンスとは、データから諸問題を解決する方法論の総称ぐらいのバズワードです。しかも、一般的な企業ではデータサイエンスをはじめる際のデータサイエンスへの認識は十人十色です。つまり、諸条件が整い、認識の離齬がない状況はあり得ないと考えた方がよいでしょう。

よって、データサイエンスをはじめる前に、「自社のデータサイエンスで、何を実現させるのか」つまり、「**自社固有のあるべき姿**」を決めなくてはいけません。実現したいのは製品開発、コスト改善、それとも売上向上でしょうか。

もし「自社固有のあるべき姿」が決まっていなければ、どんなデータサイエンスを導入しても、各部署でデータサイエンスに対して認識のベクトルがバラバラとなり、合理的に進めることは困難です。

当たり前ですが、データサイエンスはデータサイエンティストだけで完結しません。作成したモデルをビジネスに実装してマネタイズするには、ビジネスサイドの協力が不可欠です。ビジネスサイドはこれから解説していく課題抽出から実装運用まで大きくデータサイエンスに関与します。ゆえにデータサイエンスは適用する先に合わせて、適切なローカライズを行い、ロジカルに展開する必要があります。

そのためには、データサイエンティストとビジネスサイドは「自社固有のあるべき姿」を決めるプロセスを通じて、自社のニーズ・ウォンツを可視化した上で、マーケットインの視点でマネタイズすることに合意する必要があります。これがデータサイエンスでの成功への近道です。データサイエンスはR&Dではありません。マネタイズすることが必須なのです。

マネタイズのためのメソッド

筆者は、データサイエンティストとビジネスサイドが「自社固有のあるべき姿」を共有しながら策定し、短期間でマネタイズする独自メソッド(KMJ[注1]メソッド)を開発しています。しくみはシンプルな4プロセスです。一般的なアナリティクス・ライフサイクル、たとえば、CRISP-DM[注2]などは複雑なプロセスですが、その複雑なプロセスをビジネスサイドに理解してもらうことは時間とコストを鑑みれば無駄です。よって、アナリティクス・ライフサイクルを噛み砕いて、容易に

注1) コニカミノルタジャパン株式会社
注2) CRISP-DM (Cross-Industry Standard Process for Data Mining)

データサイエンティストとビジネスサイドが協働する独自のメソッドに仕上げています。

図1が、独自メソッドを示しています。4つのプロセスで構成され、非常に簡素化されていてビジネスサイドが理解しやすいように表現しています。

次節からはこの4つのプロセスについて順に解説していきます。

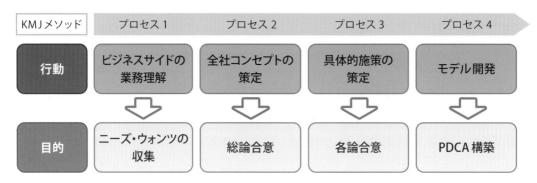

◆図1 独自メソッドのプロセス

2-3 プロセス1：現場の理解
ビジネスサイドは知見の宝庫

ニーズ・ウォンツの収集

プロセス1では、データサイエンティストがビジネス現場を理解してビジネスサイドのニーズ・ウォンツを収集することからはじめます。

データサイエンスがうまくいかない典型的なパターンに「作りたいモデルを作ったあとに、何に使えるかを考える」「モデルはできたが、ビジネスサイドが動かない」などがあると思います。これらはプロダクトアウトと同様に「作ったものを売る」ことです。

仮にデータサイエンスで作った「モデル」を「商品」とします。「商品」に市場のニーズ・ウォンツがなければ、売れるわけがありません。「売れる商品」の必須条件はマーケットインの視点で市場のニーズ・ウォンツを満たした「売れるものを作る」ことです。

データサイエンスで作った「モデル」も「商品」と同様にマネタイズするにはマーケットインの視点でビジネスサイドのニーズ・ウォンツを満たしていることが必須条件であることが理解できると思います。

2-3 プロセス1：現場の理解
ビジネスサイドは知見の宝庫

ビジネスサイドに入り込め！

データサイエンティストはビジネスサイドの造詣が深くなければなりません。データサイエンティストがビジネスサイドのニーズ・ウォンツの造詣を深耕する方法はいくつもあります。ここで、筆者が特にお勧めするのは、実際にビジネスサイドの業務をデータサイエンティスト自らが行うことです。これはビジネスサイドのニーズ・ウォンツを肌で感じて理解するもっとも簡単な方法の1つです。データサイエンティストにとってビジネスサイドのニーズ・ウォンツは筋の良いネタ帳となります。筋の良いネタを多く収集すればするほど、マネタイズへの成功確率が飛躍的に上がります。

さらに、データサイエンティスト自らがビジネスサイドの業務を行うことで、ビジネスサイドが協力的になるような副次効果もあります。また、ビジネスサイドの真のキーマンや顕在化していない課題などの把握も期待できるでしょう。データサイエンスはデータサイエンティストだけでは完結しません。いかにビジネスサイドとの距離感を縮められるかが重要なポイントです。

筆者も実際にビジネスサイドの業務に携わりました。そこからいくつものニーズ・ウォンツの教示を受けたからこそ、データサイエンスを早期に展開してマネタイズできたといえます。

たとえば、弊社で運用しているトナー消費予測モデルは、顧客満足度を向上させて同時にコストを改善したいというビジネスサイドのニーズ・ウォンツをもとに作成されています。

カラーコピー機は、青（Cyan）、赤（Magenta）、黄色（Yellow）、の3色のトナーと黒（Black）のトナーを使用しています。各色の消耗度は顧客の使用状況により異なります。データサイエンス導入以前は、各色トナーの消耗度を物理的に測定してエンプティ信号を発報し、その都度各色ごとに交換用トナーが個別配送されていました。たとえば、今日、青（Cyan）のエンプティ信号を検知すれば、青を個別発送し、次の日に赤（Magenta）のエンプティ信号を検知すれば赤を個別に発送するしくみのため、顧客は各色トナーを個別に受け取る手間が発生していました。このしくみでは顧客満足は低下し、配送コストは高くなります。それらの課題を解決すべく、各色トナーのエンプティ予測モデルを作り、各色を取りまとめて同梱配送するしくみをビジネスサイドと協働して開発しました。

トナーのエンプティ予測モデルは非常に簡単に思えるかもしれません。しかし、トナーはインクのような液体と異なり粉体です。したがって、カートリッジ内部にトナーが偏ることもあり、モデルの作成は難しい問題です。これについてもビジネスサイドの知見からさまざまなヒントを得て解決しています。

可視化による共有

収集された多くのビジネスサイドのニーズ・ウォンツは、可視化して共有する必要があります。図2は、ビジネスサイドのニーズ・ウォンツをまとめた一覧表（イメージ）です。これがデータサイエンス展開時のネタ帳となります。まずはプロセス1では、ここまでを作成します。

第2章　データ分析のプロジェクトマネジメント

No.	ニーズ・ウォンツ	内容
1	解約の予測	解約するかどうか知りたい
2	故障の予測	故障確率の高い順に保守整備したい
3	購入の予測	購入確率の高い順に営業したい
4	LTVの予測	LTV（顧客生涯価値）を把握したい
5	入電数の予測	コールセンターの入電数を予測して人員配置したい
6	仕入量の予測	仕入れを予測して在庫を適正化したい
7	保守員のスキル別手配	保守員のスキルに基づいて保守手配したい
8	予測による見積作成	使用量を予測して自動見積作成したい
9	売上の予測	売上を予測して戦略に活かしたい
10	補修部品の予測	補修部品の使用量を予測したい

◆ 図2　現場のニーズ・ウォンツ一覧表（イメージ）

2-4 プロセス2： コンセプトの策定
ビジネスのあるべき姿を求めて

ビジネスサイドとの合意形成

プロセス1でビジネスサイドのいろいろなニーズ・ウォンツを収集して、それらを可視化した一覧表が作成できました。一覧表のニーズ・ウォンツの全部が実現できれば、ビジネスサイドも喜ぶことは間違いありません。しかし、どのニーズ・ウォンツから着手すべきでしょうか？

データサイエンス導入初期において、ビジネスサイドではデータサイエンスを活用してニーズ・ウォンツを実現することが彼らの目標となっていることは少なく、そもそもデータサイエンス

がビジネスサイドに関与することを好ましく思っているとも限りません。

組織や人にはいろいろな意見があります。この異なる意見を統一して、全員が同じ方向を向かなければ、ビジネスサイドと一致団結してデータサイエンスを活用することはできません。

プロセス2は、プロセス1で可視化したニーズ・ウォンツの一覧表からコンセプトを導き出して、データサイエンティストとビジネスサイドで総論合意する工程です。このプロセス2で合意するコンセプトとは、「自社のデータサイエンスで、何を実現させるのか」つまり、「自社固有のあるべき姿」です。

32

データサイエンスを展開する際には、データサイエンティストとビジネスサイドでいろいろな意見の衝突がありますが、プロセス2を通じて合意した「コンセプト＝自社固有のあるべき姿」は揺るぎません。この旗印の下に「コンセプト＝自社固有のあるべき姿」を実現していきます。

ニーズ・ウォンツの カテゴリー分類

コンセプトを策定する方法は、まずデータサイエンティストとビジネスサイドが共同で、プロセス1で作成した図2の一覧表から各ニーズ・ウォンツをいくつかのカテゴリーに分類します。

ただし、カテゴリーに分類する際にはちょっとしたコツがあります。まずこのタイミングで各ニーズ・ウォンツの実現可能性などについての深い議論はしない方がよいでしょう。論点が多岐にわたり、想定以上の工数がかかることがあ

ります。まずは、ざっくりとカテゴリー分類していくのがコツです。このプロセス2は、「コンセプト＝自社固有のあるべき姿」は何かを決めることが真の目的なのです。

図3は、図2の各ニーズ・ウォンツをカテゴリーに分類した表（イメージ）になります。

図3では、図2の各ニーズ・ウォンツが営業、保守、マーケティング、物流の4つのカテゴリーに分類されました。

コンセプトの策定

次は、分類されたカテゴリーをベースにコンセプトを作ります。コンセプトは1つとは限りません。複数の場合もあります。ここで大切なのは、データサイエンティストとビジネスサイドは十分に協議して、カテゴリーを総括するコンセプトを作成して合意形成することです。

No.	要望タイトル	要望内容	カテゴリー
1	解約の予測	解約するかどうか知りたい	営業
2	故障の予測	故障確率の高い順に保守整備したい	保守
3	購入の予測	購入確率の高い順に営業したい	営業
4	LTVの予測	LTV（顧客生涯価値）を把握したい	マーケティング
5	入電数の予測	コールセンターの入電数を予測して人員配置したい	保守
6	仕入量の予測	仕入れを予測して在庫を適正化したい	物流
7	保守員のスキル別手配	保守員のスキルに基づいて保守手配したい	保守
8	予測による見積作成	使用量を予測して自動見積作成したい	営業
9	売上の予測	売上を予測して戦略に活かしたい	マーケティング
10	補修部品の予測	補修部品の使用量を予測したい	物流

カテゴリー化が重要

◆図3 各ニーズ・ウォンツのカテゴリー分類表（イメージ）

図4のようにコンセプトが決まれば、次にコンセプトを大項目、カテゴリーを中項目、ニーズ・ウォンツを小項目としてツリー構造を作成します。図5は合意されたコンセプトを起点にした

No.	要望タイトル	要望内容	カテゴリー	コンセプト
1	解約の予測	解約するかどうか知りたい	営業	売上向上
2	故障の予測	故障確率の高い順に保守整備したい	保守	生産性向上
3	購入の予測	購入確率の高い順に営業したい	営業	売上向上
4	LTVの予測	LTV（顧客生涯価値）を把握したい	マーケティング	戦略立案
5	入電数の予測	コールセンターの入電数を予測して人員配置したい	保守	生産性向上
6	仕入量の予測	仕入れを予測して在庫を適正化したい	物流	生産性向上
7	保守員のスキル別手配	保守員のスキルに基づいて保守手配したい	保守	戦略立案
8	予測による見積作成	使用量を予測して自動見積作成したい	営業	生産性向上
9	売上の予測	売上を予測して戦略に活かしたい	マーケティング	戦略立案
10	補修部品の予測	補修部品の使用量を予測したい	物流	生産性向上

カテゴリーからコンセプトを作る

◆ 図4　各ニーズ・ウォンツのカテゴリー分類を総括するコンセプト（イメージ）

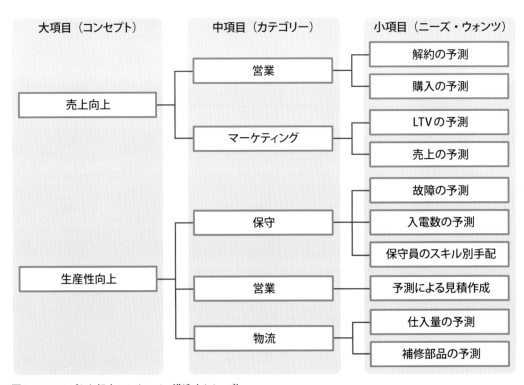

◆ 図5　コンセプトを起点にしたツリー構造（イメージ）

ツリー構造の例です。合意されたコンセプトが「あるべき姿」となり、それらを実現するための構成要因が可視化されます。

データサイエンスを展開する際、この「あるべき姿」の構成要因の可視化は有効に機能します。というのは、「あるべき姿」の策定では、データサイエンティストと一部のビジネスサイドで合意形成をしていますが、すべてのビジネス

サイドのメンバーが参加して合意形成することは困難です。つまり、可視化によって合意形成に参加していないビジネスサイドに論理的な説明が容易になり、データサイエンスを活用する合理的な理由を提供できるのです。したがって、スムーズにデータサイエンスの展開が可能となります。

2-5 プロセス3：具体的施策のプライオリティ策定
データのクオリティを見定める

ニーズ・ウォンツのマッピング

プロセス2で「コンセプト＝自社固有のあるべき姿」が可視化されました。このあとは各ニーズ・ウォンツに対してデータサイエンスを展開するだけとなったようにみえます。しかし、**図5**の状態では、どのニーズ・ウォンツから着手すればよいかわかりません。また各ニーズ・ウォンツの想定効果や実現可能性もわかりません。よって「プロセス3」では、データサイエンティストとビジネスサイドで各ニーズ・ウォンツに対して多角的な検討を経て、プライオリティを決定します。

プライオリティを決定するためにはさまざまな方法がありますが、筆者がお勧めするのは2軸でマッピングして整理する方法です。この方

法で各ニーズ・ウォンツの実現可能性が可視化されてビジネスサイドと共有しやすくなります。

プライオリティの可視化による、データサイエンティストとビジネスサイドの合意形成が目的なので、細かなルールはありません。自由に横軸、縦軸の2軸の意味をアレンジして構いませんが、筆者はビジネスサイドと合意形成する場合は、横軸には「**データのキャラクター**」を使う場合が多いです。

「データのキャラクター」とは筆者の造語なので、データの量、頻度、種類、信頼性を総合的に判断した「データの質の良し悪し」とでも考えてください。「データのキャラクター」をビジネスサイドと相談しながら、横軸上に配置します。また各データが把握できない場合は、各システム名を横軸上に配置することもあります。要は、ビジネスサイドの持つ直感や経験を効率

データサイエンティスト養成読本 ＜ビジネス活用編＞ **35**

的に検討して合意形成する方法です。

そもそも、データはビジネスサイドで生成する場合が多いです。よってビジネスサイドに「量、頻度、種類、信頼性」を総合的に判断してもらい、データサイエンティストはその理由を把握することでデータへの理解を深めていき、実現可能性を見極めるのが合理的です。ワークショップ形式でホワイトボードと付箋紙などを使って、データサイエンティストとビジネスサイドで楽しみながら決めていくと、知らない情報を得たりできるのでお勧めです。

次に縦軸を決めます。縦軸を決めるには前節で解説したコンセプトを設定します。複数種類の縦軸を作るのもお勧めです。たとえば「売上向上」がコンセプトならば、縦軸が「売上額」となるかもしれません。「生産性向上」がコンセプトならば、縦軸が「コスト削減額」となるかもしれません。このように複数の縦軸になる場合もあります。

図6は、横軸を「データのキャラクター」、本書の説明用にコンセプトを「売上向上」に設定して縦軸を「売上額」として各ニーズ・ウォンツをマッピングしています。このマッピングにも、ちょっとしたコツがあります。データのキャラクターを横軸に並べると、ニーズ・ウォンツに当てはまるデータが複数あって、マッピングしにくいこともあります。その場合は、ニーズ・ウォンツに対して重要なデータを優先してマッピングするなどしてください。ニーズ・ウォンツに対するプライオリティ設定が主目的ですので、モデルに寄与する変数の話にならないように気を付けてください。

プライオリティの決定

マッピングが終わったら、プライオリティを決めていきます。真の目的はデータサイエンティストとビジネスサイドで合意形成されたプライオリティを作ることです。ここで合意形成されるプライオリティとは、実現可能性が高い順や効果額が高い順が正しいとは限りません。「自社固有

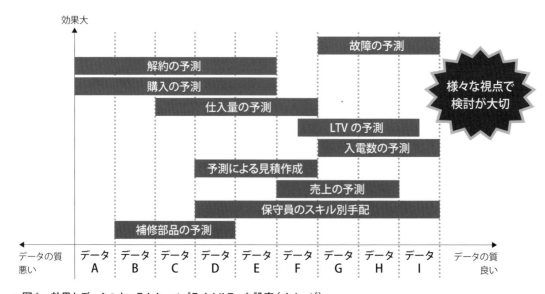

◆図6　効果とデータのキャラクターでプライオリティを設定（イメージ）

「のあるべき姿」を実現するために取り組むべきプライオリティです。多角的な視点で検討するのが大切です。

ただし、データサイエンティストはこの工程までにデータのキャラクターを適切に把握しておく必要があります。取り組む価値がありプライオリティが高くても実現可能性が低いニーズ・ウォンツに対して、具体的なプランニングはできません。よって、実現させるために取得すべきデータを再設計する場合もあります。

しばしば「データがないからモデルが作れない」という話を聞きますが、モデルを作成する前にデータのキャラクターを知っていると知らないとでは雲泥の差があります。企業が保有しているデータは、企業活動で発生している全デー

タのほんの僅かにすぎません。よって、仮にデータがないならば、データを取得するところからスタートします。これがデータサイエンスです。データ取得の際の障害要因は、プライオリティ決定のプロセスで明らかにしてデータサイエンティストとビジネスサイドで共有する必要性があります。

プライオリティが決定できたら、各ニーズ・ウォンツについてのデータサイエンス展開における想定効果をビジネスサイドと一緒に試算します。この想定効果は概算でも構いません。必要に応じてPoC（Proof of Concept；概念実証）を行うこともお勧めです。大切なのはビジネスサイドと合意した想定効果が開発の原資となることです。

2-6 プロセス4：モデル開発と運用
スムーズなデータサイエンスチームのつくり方

ビジネス知見の習得難易度

「プロセス1、2、3」でデータサイエンティストとビジネスサイドで「自社固有のあるべき姿」と各ニーズ・ウォンツに対するプライオリティと想定効果が共有できました。

「プロセス4」では、プライオリティに則してデータサイエンスを展開し、最終的にはビジネスサイドにモデルを実装します。また開発予算

や工数は、想定効果から鑑みて設定します。この「プロセス4」で、データサイエンティストが強く意識しなければならないのは、「ビジネスの知見」が必須だということです。「ビジネスの知見」と一言でまとめていますが、ビジネスの領域は多岐に渡ります。たとえば、開発するモデルが「●○商品の売上向上」の場合は営業、商品、サービス、顧客などの知見が必要です。また、「●○のコスト削減」の場合、会計、業務、サプライチェーンマネージメントなどの知見

が必要です。これらのさまざまな知見を取りまとめて「ビジネスの知見」と表現しています。

筆者はデータサイエンティストに必要なスキルセットは、「分析スキル」、「ITスキル」、「ビジネススキル」の3つと考えています。

各スキルの習得難易度を紐解くと、「分析スキル」、「ITスキル」は学習コンテンツも豊富で習得するため障害は少なく、問題に合えば学んだスキルを活用しやすく比較的習得しやすいといえます。それに比べて、一部の「ビジネススキル」は座学で習得する機会が少ない上に、得られたスキルがそのまま活用できないことも多々あります。なぜならば、「企業固有のビジネスの知見」によってアレンジされていることが普通だからです。

たとえば、「●○の利益」モデルを作成するとした場合は「会計の知見」が必要です。会計には「財務会計」と「管理会計」があります。「財務会計」は学習コンテンツが充実していますので習得しやすいですが、「管理会計」とは、各企業の経営の考え方、つまり「企業固有のビジネスの知見」にもとづくために、その「企業固有のビジネスの知見」を理解する必要があります。

多くのデータサイエンティストがつまづくのは、たとえば「1＋1＝」の解は「分析スキル」「ITスキル」では"2"なのに、「ビジネススキル」では「1＋1＝」の解が"田"になるような「企業固有のビジネスの知見」によるアレンジが効いている点です（計算通りではないという例ですが、わかりましたでしょうか）。

データサイエンティストに限らず「企業固有のビジネスの知見」を習得するには、時間とコストがかかります。よって、「企業固有のビジネスの知見」をデータサイエンティストのスキルセットに融合させて、容易にドライブさせる方法が必要です。

タスクフォースによる運用

このビジネス知見習得の問題を受け、筆者は「企業固有のビジネスの知見」に精通した人材を集め、データサイエンティストの弱みである「ビジネススキル」を補うタスクフォースで運用する方法を展開しています。図7はタスクフォースの例です。

タスクフォースを通じて、データサイエンティストは「企業固有のビジネスの知見」の各分野に精通した人材と協働してモデル開発から実装まで行います。この集合体が最強のデータサイエンティストとなります。図8はプロジェクトの体制の例です。

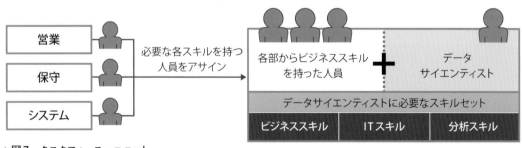

◆図7　タスクフォース・ユニット

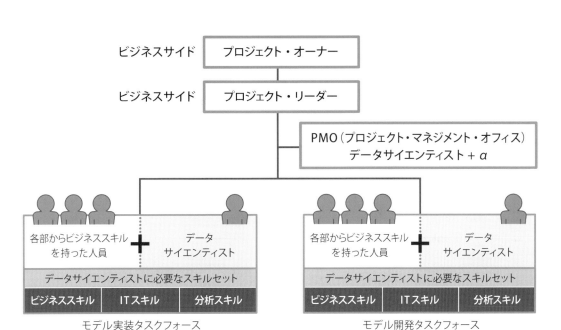

◆図8　プロジェクト体制

　体制図を作成する際のポイントは、プロジェクト・オーナーは、意思決定ができるビジネスサイドの上級役職者を設定します。ビジネスサイドでモデルを運用するまでには、さまざまな想定外の調整が発生することがあり、スムーズな意思決定が必要です。よってプロジェクト・オーナーは意思決定ができるビジネスサイドの上級役職者が適任です。

　次にプロジェクト・リーダーもビジネスサイドから設定します。プロジェクト・リーダーはプロジェクト・オーナーに対して報告義務と各タスクフォースに対してマネジメント義務が発生します。そのため、データサイエンスを正しく理解する必要があります。ゆえに教育・啓蒙も兼ねてビジネスサイドから選任するのが合理的です。そしてデータサイエンティストはプロジェクト・リーダーにデータサイエンスを正しく理解させる必要があります。この互助関係がさらなる相互理解を深めていきます。

　またPMO（プロジェクト・マネージメント・オフィサー）は、データサイエンティストとビジネスサイドで共同運営することをお勧めします。データサイエンティストはPMOを通じて、多種多様な「自社固有のビジネス」を習得できます。

　このように、タスクフォースを活用して、データサイエンティストとビジネスサイドが情報共有して相互理解を促進し、モデル開発から実装まで合理的に進めていきます。

運用のポイント

　最後にプロセス4を潤滑に運用するポイントについて解説します。データサイエンティストとビジネスサイドがモデル開発から実装まで協働で進めていくには「可視化」が有効です。この「可視化」には「データの可視化」と「考えの可視化」の2つがあります。

データの可視化

「1」、「2」この意味はわかりますか?

提示されたデータが持つ意味を事前に理解していなければ、データサイエンスは不可能です。データとは端的にいえば「テキストもしくは数字の集合体」です。よってデータが持つ意味とキャラクターの把握が事前にできていなければ、開発から実装までの生産性は落ちてしまいます。

たとえば、営業の顧客訪問の履歴データに1と2のカラムがあり、1が「訪問あり」、2が「訪問なし」、と判明したとします。しかし、これではデータとして十分とはいえません。

具体的には1の「訪問あり」がどのように生成されるかが明らかになっている必要があります。営業のGPSデータと顧客住所が連動してシステム的にデータが生成されるのか、それとも営業の自己申告で生成されるのかでは、データの信頼度が異なってくるからです。前述した「量、頻度、種類、信頼性」といったデータのキャラクター情報が辞書として共有し、可視化されることで生産性が向上します。

筆者は、コニカミノルタジャパン(株)で保有するデータのナレッジベースを作成して、共有で活用できる環境を構築しています。

考えの可視化とは

マネタイズは「1人でつくる」と「みんなでつくる」のどちらでしょうか?

データサイエンティストとビジネスサイドが協働して、本章で紹介したような独自メソッドを展開してモデルを作っても、ビジネスサイドの全員が参加しているわけではありません。また、企業活動とは各組織が連動して行われ、各組織には多くの人が携わっています。そして、マネタイズするには、モデルはビジネス現場で運用される必要があります。よって、各プロセスを可視化した「考えの可視化」ができていなければ、ビジネス現場に対する説明工数が増えてスムーズに展開できません。

「考えの可視化」とは、独自メソッドのプロセスを適用する際に、適切にドキュメントを作成して、合意履歴を残すことにより、第三者がプロセスを理解できるようにすることです。これによって、たとえばモデル作成後に意思決定されたモデル精度の妥当性についてビジネス現場から質問が来たとしても、モデル精度の意思決定プロセスが可視化されていれば即時に回答できます。

最後に

本章は、データサイエンスをプロジェクトととらえて推進するしくみの概要です。データサイエンティストにまかせれば何でもできるという幻想もあるようですが、データサイエンスを活用してマネタイズするには、データサイエンティストのみでは困難です。全社としてデータサイエンスを取り組む必要性があります。そのためには、論理的で再現性があり、水平展開が容易に可能なしくみが必要となります。筆者が紹介したしくみが正解とはいいません。しかし、大規模でデータサイエンスを展開してマネタイズする場合は、個人技能で成功する確率より、しくみで展開する方が成功する確率が高いと考えています。導入先のリテラシーによっては不要な場合もありえます。必要に応じてアレンジして活用してください。

第 **3** 章

機械学習プロジェクトの進め方

つまずかずにやり遂げるための実践手法

《著者プロフィール》
奥村エルネスト純（おくむら エルネスト じゅん）
株式会社ディー・エヌ・エー AIシステム部
強化学習チームリーダー。
データアナリストとしてキャリアをスタート
し、モバイルゲームや移動体領域の分析を
経験。現在は強化学習技術に関連する戦略
立案、ゲーム事業におけるAI活用を推進し
ている。
過去には国内外の機関で観測的宇宙論・高エ
ネルギー天文学の研究に従事し、京都大学
大学院理学研究科にて博士号取得。機械学
習一般の他、ゲームデザインや物語論など
体験の設計に興味がある。
Twitter:@pacocat

本章では、機械学習プロジェクトをどのように進めていくべき
かを考えます。機械学習を扱うリソースや体制がそろっても、
いざビジネスプロジェクトとして進めていこうとするとさまざまな
ハマりどころがあります。ここでは、筆者の経験をもとにしな
がら、なるべく現場的な目線でプロジェクトの工程上のノウハ
ウやメンバーとの調整のポイントを解説します。機械学習導入
の第一歩を踏み出すために、成果物がビジネス価値を生むた
めに、本章の内容を役立てていただければ幸いです。

3-1　機械学習プロジェクトのライフサイクル

3-2　現場との期待値調整

3-3　機械学習案件を成功させるということ

第3章　機械学習プロジェクトの進め方

3-1 | 機械学習プロジェクトのライフサイクル
実体験に基づいたノウハウ

はじめに

　近年、アルゴリズムの進展や計算資源の向上、大規模データの整備によって、深層学習をベースとしたAI研究が大きく進捗しています。画像認識・音声認識・機械翻訳・運動制御といったさまざまな領域において、人間と同等かそれ以上のパフォーマンスを出すAIが登場し、多くの産業での活用が期待されています。では、これらの技術を事業に実応用するにはどのようにプロジェクトを進めていくのがよいのでしょうか。多くの組織において、AIに対する期待値が増す一方で、実応用は試行錯誤をしながら進めている状況だと思います。実際にプロジェクトとしてAI活用を進めていくと、想定通りに学習ができなかったり、そもそも人材の獲得・育成難易度が高かったり、ビジネスメンバーの期待値に応えられずにプロジェクトを閉じてしまったり、さまざまな困難があります。

　筆者は、株式会社ディー・エヌ・エーで、ゲーム領域にAIを導入するプロジェクトのチームリーダーを務めています。現在所属しているAIシステム部という横断組織では、オートモーティブやライフサイエンス、ゲームといったさまざまな事業へのAI導入を推進していま

す。実際に自身がAIプロジェクトに関わっている経験から、またほかの事業ドメインでの案件を見ている立場から「AIプロジェクトの進め方」について概観していきます。あくまでも一事業会社での経験をもとにしてはいますが、広く応用可能な考え方をまとめます。これから社内で新規にAIプロジェクトを立ち上げたり、BtoBで受託開発をしたりする場合にも有用な記事になるよう考慮しました。

　本来であれば機械学習・データサイエンス・AI、と関連する言葉の厳密な定義が必要ですが、ここでは広く機械学習技術を活用した案件を機械学習案件もしくはAI案件と呼び、機械学習とAIについて厳密な使い分けは行いません。また、本記事は機械学習の理解がなくても読むことができるように配慮していますが、機械学習に関する用語や概念の詳しい説明は省略しています。

　本節ではまず、機械学習プロジェクトの全体像をみていきます。プロジェクトのプレイヤーにふれたあと、ライフサイクルの解説を行います。プロジェクトはいくつかの工程に分解されますが、それぞれ注意しなければいけないポイントはたくさんあります。

42

機械学習プロジェクトの
プレイヤー

案件の種類やメンバー構成にもよりますが、ここでは大まかにビジネスチーム・システム担当チーム・機械学習チーム、という3つのプレイヤーを考えます。

ビジネスチームは、ここでは機械学習を導入するサービスを企画・運営している主体を指しています。プロジェクトや予算に意思決定権を持つプロジェクトリーダー、プロジェクトマネージャ、サービス企画に関わっているメンバーなどがいるでしょう。受託の場合はこれらのメンバーは社外にいることになります。

システム担当は、アプリケーションエンジニアやインフラエンジニアなど、実際にサービスのシステムデザイン・実装・運用を担当するメンバーで、機械学習モデルを組み込む際に連携することになります。

最後の機械学習チームは、さまざまな職能を持ったメンバーによって構成されます。プロジェクトの進行を管理する機械学習側のプロジェクトマネージャ、データを取得・加工するデータエンジニア、モデリングを行うデータサイエンティス

ト、最新研究に追従してアルゴリズムの開発を行うリサーチャー、モデルのデプロイや運用を担当するソフトウェアエンジニア（狭義には機械学習エンジニアといった場合はこの領域のエンジニアを指すでしょう）、ビジネスチームとのコミュニケーションを行うドメイン知識のあるメンバー・営業、といったさまざまな役割が分業されて名前がついている場合もあれば、複数の領域をカバーするエンジニアが機械学習エンジニアと呼ばれている場合もあるでしょう。本章では、役割を限定せずに、案件に関わる機械学習メンバーを指して広く機械学習エンジニアと表記します。

チーム編成や役割名は組織によっても異なりますが、ここでは次の図1で話を進めていきます。また、本章ではすべての職能にまたがる話題を扱いますが、特に「案件をどのように進めていくか」という点に着目してプロジェクト管理者の側面によりフォーカスしたいと思います。

機械学習プロジェクトの
ライフサイクル

続いて、機械学習プロジェクトのライフサイクルについて解説します。案件の規模、事業の

ビジネス	システム	機械学習
プロジェクトリーダー プロジェクトマネージャ サービス企画	アプリケーションエンジニア インフラエンジニア	プロジェクトマネージャ データエンジニア データサイエンティスト リサーチャー 機械学習エンジニア ビジネス担当

◆ 図1　機械学習プロジェクトのプレイヤー

フェーズなどによっても異なりますが、大きくは図2に示す流れと変わらないはずです。また、プロジェクトを担当する部署の組織構成やビジネスチームとの関わり方によっても進め方は変わりますが、上流から下流まで機械学習エンジニアが深く関与できたほうが成功確度は高くなります。そのため、ここではなるべく機械学習エンジニアがビジネス側によりそってどのように動くかを考えていきます。

一般的に、データサイエンティストや機械学習エンジニア、という職種から連想するのはデータ分析やモデル作成・評価の工程でしょう。一方で、プロジェクトとして見たときには、ほかにも多くの工程が存在します。以下では、なるべく広くライフサイクルの各フェーズに目を向けながら、それぞれどのような点に気をつけるべきなのか考えていきます。

ビジネスデザイン

ビジネス課題の定義、それを解決するためのUX設計やマネタイズ、マーケティングなど、そもそもどのようなサービスを開発・運用するかを設計するフェーズです。ここではビジネスチームが中心になって進めますが、最上流であるこのフェーズでプロジェクトの成功確度が決まってくるため、発言権を持った機械学習エンジニアが議論に参加するべきです。その際、筆者が気をつけているのは次のような観点です。

- 機械学習がボトルネックになるサービスかどうか
- ほかに解決策はないか
- 意思決定者と協力体制を作る
- ビジネス価値を定量評価する・評価指標を決める

機械学習がボトルネックになるサービスかどうか

機械学習部分が実現できなければプロダクトが実現できないというレベルの依存度がある場合には、特に慎重になりましょう。以後で繰り返して強調しますが、機械学習プロジェクトは最初期の段階ではフィージビリティ（実現の可能性）がわかりづらいことが多いです。

「データを集めてみないとわからない」「実際にモデルを作ってみないとわからない」、これだけみると後ろ向きに聞こえるかもしれませんが、下手に高い目標値を約束してしまうと、モデルの精度が目標値に到達するまで延々とデータや人的リソースに投資を続ける羽目に

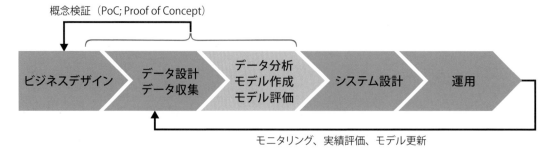

◆図2　機械学習プロジェクトのライフサイクル

なります。このような場合は、PoC（Proof of Concept：概念検証）を繰り返して、フィージビリティを確認した上でプロジェクトを進めることになります。ここでPoCとは、そもそも機械学習モデルをサービスに組み込むことができるかをプロトタイピング以前の段階で検証することで、多くの場合、実運用に近いデータを用いて機械学習モデルを構築して、評価指標がサービスの要求レベルを目指せそうか確認する作業になります。どの程度の繰り返しや検証期間が許容できるかを必ず合意しておきましょう。

ほかに解決策はないか

最初のデザインのフェーズで特に意識するべきは、**機械学習をボトルネックにしない**という点です。プロジェクトを進めていくと、事前に段取りを設計していたとしても思うように進捗しないことも多いでしょう。特に新しい技術であるほど「やってみないとわからない」状況に陥るため、機械学習の不確実性を抑えるか、機械学習技術を使わないバックアッププランを考えてみてください。

たとえばゲームの敵キャラクターの制御に機械学習を導入する場合、わざわざ機械学習を使わなくても、ゲームデザイナーが設計したルールベースのAIでも提供したいゲーム体験が担保できるかもしれません。枯れた技術やすでに社内で知見のある技術で解決できる場合は、そちらを使ったほうが安全です。

また、たとえばバックオフィス業務の工数を削減するために機械学習を導入するような事例では、現場が使いやすいツールを導入することの方が、オペレーション効率化の観点で機械

学習サービスより優れているかもしれず、そちらの方がビジネスインパクトがあるケースもあるかもしれません。

プロジェクトの目的があくまでも**ビジネス課題の解決**である以上、機械学習を使うべき理由があるかを常に自問しながら、機械学習を使わずに済むのであれば潔くそちらに舵をきりましょう。

意思決定者と協力体制を作る

プロジェクトを実際に進めていく上で、ビジネスチームの協力は不可欠でしょう。モデルを構築する際にはドメイン知識を使った特徴量エンジニアリングやチューニングが必要になりますし、コミュニケーションが生まれることで機械学習エンジニアの側からもビジネス目的にそった提案がしやすくなったり、ビジネスメンバーが提案を受け入れやすい環境が醸成できたりします。

一般的に、機械学習自体は数学やエンジニアリングの幅広い知識を必要とし、はじめのうちは内容や意図を正しくビジネスメンバーに伝えることが難しいため、意識的に協力体制を作らないと疎結合になってしまいがちです。機械学習エンジニアは丁寧にモデル学習のしくみやプロジェクトの難易度を説明し続けながら、協力を引き出すべきでしょう。

一方で、そのようなコミュニケーション設計をすべて機械学習エンジニアだけで持つのも現実的ではない場合もあります。そこで、意思決定者と定期的なコミュニケーションの場を確保して、問題が起きた場合にトップダウンで解決に動いてもらうような協力体制を依頼することになります。

データサイエンティスト養成読本 ＜ビジネス活用編＞ | **45**

ここで強調したいのは、プロジェクトに関わる
メンバー全員から「運命共同体」として協力を
引き出せないと失敗のリスクが高まることです。
どのように意思決定レイヤーを巻き込むかは会
社のカルチャーや案件の規模によっても変わる
でしょう。さまざまな考慮点があると思います
が、筆者が普段意識しているところは、プロジェ
クトの成果を明確なビジネス価値に結びつける
ことで関係者全員にモチベーションを持っても
らうことです。

ビジネス価値を
定量評価する・評価指標を決める

機械学習が導入されることによるビジネスメ
リットは評価が難しいことも多いですが、ビジネ
スとしてプロジェクトを推進する以上、目的と価
値の定量化は明確にすべきです。

たとえば、筆者が関わっているゲームAIの
プロジェクトでは、特定プレイヤーセグメントが
ゲームを遊ぶ際に感じるネガティブな体験を取
り除くことで、継続的にゲームを楽しんでいただ
くことを目的にしています。この場合、継続率
が何ポイント向上すれば長期的なビジネス価
値はどの程度か、ということを事前に試算でき
ます。こうした意思決定の材料が揃うことで、
プロジェクトが進行しやすくなります。事例に
よっては、継続率ではなく、CVR（Conversion
Rate：顧客転換率）や不良品検知率、ユーザ
満足度など適切なターゲットがあるはずです。
ここで、ビジネス価値は必ずしも売上のような
経済価値だけを指しているわけではないことに
注意してください。

試算である以上、数字のブレがあったり、価

値を定量的に落としづらい場合もあるでしょう。
しかし、この試算の過程を踏むことで「プロジェ
クトが注力しようとしているのはどのような課題
で、何をKPIとすべきか」が明確になります（逆
に、ビジネス価値を試算するためのロジックや
KPIが浮かばないのであれば、機械学習に
よって何を解決したいのかが不明瞭である可
能性が高いでしょう）。ビジネス価値を定義する
ことによって、機械学習を導入することへの期
待値が整理されますし、何よりもリリース後にプ
ロジェクトがどれだけ成功したかを定量的に評
価できます。「なんとなくAIを入れたけど効果
があいまいなまま」では次のプロジェクトにつな
がりません。継続的に機械学習導入のメリット
を主張していくためにも、定量的な評価基準は
武器になるでしょう。

もし試算した結果、ビジネスインパクトがない
ことがわかった場合は、判断が分かれるところ
かもしれません。「ビジネスにならないのだった
ら導入する必要はない」とドライに判断すること
もできますし、「まずは1つ機械学習案件を作
り切ることで社内の知見を溜めて、中長期的に
導入障壁を下げるための投資をしよう」という
判断も可能でしょう。

ビジネスゴールが決まったら、後はゴールを
達成するために目指すべき機械学習モデルの
評価指標を議論していくことになります。機械
学習では、一口に評価指標といっても正解率
や再現率などさまざまなものがあるので相応し
いものを選びましょう。機械学習は100%確実
ということがないので、モデルが間違った出力
をしてしまうことを前提に、サービスへの影響度に
ついて認識を合わせておくことになります。

データ設計・取得

"Garbage in, garbage out"という言葉があります。質の低いデータからは質の低いアウトプットしか出てこない、という意味で、機械学習の文脈ではよく使われます。ビジネスデザインの工程で目指すべきターゲットが決まっていると思うので、どのようなアルゴリズムでモデルをトレーニングするか、どのようなデータが必要になるか、ある程度検討ができるでしょう。ケースによってさまざまなノウハウがあるかと思いますが、ここでは主だったポイントについて解説していきます。

- データは自社で準備できるか
- データを継続的に取得できるか
- トレーニング用のデータは実態を反映しているか

▌データは自社で準備できるか

機械学習モデルのトレーニングに十分なデータが自社だけで確保できる場合はそれほど問題ではありませんが、外部に依存する場合はいくつかの観点で注意が必要です。法務観点でデータの利用規約は要件を満たしているか確認する必要がありますし、運用観点ではデータフォーマットが突然変わってしまった場合のリスクを検討しないといけません。さらに取得難易度でいえば、取得コストが低く競合他社でも簡単に使えるデータだけを使うとサービスの競合優位性が築きにくい、というビジネス観点での懸念もあるかもしれません。

また、自社でトレーニング用のデータを集める場合、取得したデータに情報をラベル付けするためのアノテーション作業が必要になるかもしれません。たとえばカメラ画像から車を検出するタスクの場合には、画像のどこに車が写っているかのラベルを付与するようなイメージです。その場合、ツールを誰が作るのか、誰がアノテーションをするのか、基準が統一されていて人による精度のばらつきがないかなど考慮すべき点は少なくありません。

▌データを継続的に取得できるか

一般的に機械学習モデルの精度は落ちていくものだと思っておいた方がいいでしょう。たとえばEC領域では、流行によって買われる商品の傾向は変わってきますし、ゲームAIでは新しいゲーム環境に追従していく必要があります。さまざまな内部・外部要因によって、モデルの精度が開発当初とは変わってくることは容易に想像できます。もし継続的にモデルのアップデートが必要な場合は、更新周期とサービスイン後のデータ取得についても検討しましょう。

▌トレーニング用のデータは実態を反映しているか

データの内容がどのような割合で分布しているかにも気をつける必要があります。たとえば、めったに発生しない異常を検知するためにデータを集める場合を考えましょう。異常時のデータが極端に少ないため、そのままではモデルをトレーニングするのに十分なデータが集まらないかもしれません。そこで、意図的に異常時のデータを取得することで対応を行ったとし

ます。その場合、トレーニングするときの異常データの割合は実態を反映していないため、本番の運用では意図しない挙動をするかもしれません。運用時に問題が起きないか確認する検証工程を設けるか、アルゴリズム自体を再設計するなどの対応が必要でしょう。ほかにも、ユーザの年代分布は揃っているか、トレーニングで使っている特徴量は実運用と同じ精度で取得できているのかなどさまざまな検証を行いましょう。

データ分析・モデル作り

　一般的に機械学習と聞いたときには、この工程をイメージするのではないでしょうか。データの前処理・EDA（Exploratory Data Analysis；探索的データ分析）・モデルのトレーニング・モデル評価など、この部分はさまざまな実践的なガイドがあるのでここでは割愛します。

　ここで、あえて複雑なモデルを使わずとも、簡単なデータ集計でもビジネス価値が出せる場合もあります。実際、筆者が以前関わった移動体分析においても、単純なデータ集計からビジネスに対する示唆が出てくることがありました。特に、ディープラーニングのような「流行り」で解くべき問題かは考えましょう。一般的にこのような複雑なモデルは推論コストがかかりますし、解釈がしづらく、チューニング難易度が高いことも多いです。

　もしこのフェーズでモデルの精度が出なかったらどうすればいいでしょうか。新たに研究やデータへの投資が必要になってくると、体制作りやマネジメントへの負荷が高くなる上、結果が保証できないためさまざまなリスクがあります。このような事態を防ぐためにも、最初期の段階でモデル精度の見通しが立てられる機械学習エンジニアが見積もりを行う必要がありますが、それでも手戻りリスクやPoCを繰り返す可能性についてはビジネスデザインの段階で意思決定者に共有しておいた方がいいでしょう。

システム実装

　機械学習モデルをシステムに実装していくフェーズです。推論をサーバで行うか、クライアントで行うか、軽量のエッジデバイスで行うかによっても進め方は変わってくると思いますが、考慮しておくべきはこのあと示すように運用を見据えた実装を行うことでしょう。モデルの精度がモニタリングできるか、モデルを更新する際のユーザ影響を最小化できるか、モデルのバージョン管理をどのように行うかなどさまざまな観点があります。

運用

　機械学習案件では「一度モデルを作ってしまえばそれで終わり」となるケースもあるかもしれませんが、継続的に管理・運用の必要が出てくる場面は少なくないでしょう。運用においては、次のようなポイントを見据えた事前の検討が必要です。

- モデルの評価指標の監視体制
- データ取得と再トレーニングのスケジュール
- 既存サービスへの影響の有無の判断（新モデルに切り替えることによる不整合など）

特に、特徴量やモデルを頻繁に変える必要のあるケースでは、チューニングのために機械学習エンジニアの工数が常に発生しますし、オペレーションも複雑になります。精度が下がることを許容できるのであれば、あえて特徴量を運用しやすい単純なものに絞ることで、運用できる人員を少しでも増やせるようなオプションも検討しましょう

すべての工程を成功させるために

ここまでライフサイクルを眺めてきて、機械学習プロジェクトにおいてはさまざまな点に注意をする必要があることがわかっていただけたと思います。当然ですが、これらの工程のうちどれか1つがうまくいかなくてもプロジェクトは成功しません。機械学習部分に責任を持つ推進者の立場からみると、ビジネスデザインにも関与して、大きくブレる期待値を事業部メンバーと調整して、データ設計やモデルのトレーニング（場合によっては新規の研究開発）を成功させ、運用を見据えた開発やスケジューリングまで、これらすべてに注意を払うする必要があります。おわかりのように、これらのすべてを機械学習エンジニアやデータサイエンティストと呼ばれる人が1人で滞りなく進めることは現実的ではありません。

ここで鍵になるのは**業務の分散**です。機械学習プロジェクトは、その性質上最初から最後まで誰かしらプロジェクト推進を担う機械学習エンジニアが関与する必要がありますが、各工程における負荷を少しでも減らす工夫はできるはずです。たとえば、ビジネスチームにデータ理解があったり、そうでなくとも意思決定者と密な関係値が築けていれば、期待値の調整にかかるコミュニケーションコストは大幅に減るはずです。また、データ収集や分析基盤を整備してくれるデータエンジニアや、EDAを推進してくれるデータアナリスト、システムデザインをサポートしてくれるエンジニアなど、各工程でプロジェクトをサポートする人的リソースが厚ければ同じ能力の機械学習エンジニアでもより成功確度の高い動きができるようになります。このように、機械学習プロジェクトにおいては可能な限り「何でもできるスーパーマン」を求めない体制作りが成功の鍵を握ります。これは単純なチーム分業だけでなく、長期的には組織のデータ文化を醸成してくこともスコープになるでしょう。

筆者が勤務するディー・エヌ・エーの場合は、ブラウザゲーム事業を立ち上げた時代から全社的にデータにもとづいた意思決定文化が根付いているため、ビジネス側にデータ理解があることが多く、また分析基盤エンジニアや各サービスに特化したドメイン知識のあるデータアナリスト層が厚いことも特徴です。このような下地によって、機械学習エンジニアが比較的負担なく案件を進められているという恩恵を実感しています。

3-2 現場との期待値調整
どのようにすれば「伝わる」のか

合意しておくべきポイント

ここまでは主に機械学習プロジェクトのライフサイクルについて眺めてきました。どれも難易度の高い工程になりますが、その大きな原因の1つは**アウトプットに対して正しい期待値を持ちにくい**からだと考えています。ビジネスチームは、機械学習への投資に対して大きなインパクトを期待しますし、確度の高いスケジュールを引きたくなります（そしてこれは当然あるべき姿でしょう）。一方で、機械学習エンジニアは、「どこまで精度が出るかわからない」という振れ幅の大きな確度の中、ビジネスチームの要求に応えていくことになります。本節では、実際に案件を進める上で、現場とどのように期待値コミュニケーションをとるかについて考えていきます。関係者で合意しておくべきポイントは少なくとも次の2点でしょう。

- 最初から精度は保証できないこと
- プロジェクトを通じて期待値は上下すること

最初から精度は保証できないこと

ビジネスデザインの段階で具体的な進行が決まったとしても、実際にデータを収集してモデルを作成すると期待した精度に達しない、とい

う場面は少なくありません。もちろんこのようにならないために、事前に機械学習エンジニアは正確な見通しを持つべきですが、いくら考慮しても完璧にはならないでしょう。そのような場合は、まずは1回モデルを作って検証してみようというところで、PoCを繰り返すことになるかもしれません。最初からモデルの精度に過度な期待をしないようにしましょう。逆に、最初の結果さえ出てしまえば、それは最低限保証できるベースラインを設定できるということでもあります。一度ベースラインを設定できたら、その後は必要に応じてPoCを繰り返すことで、モデルが目指せる精度の着地点が関係者間で共有できることになります。

プロジェクトを通じて期待値は上下すること

最初のPoCやプロトタイピングで結果が出たとしても、プロジェクトが進むにつれてさまざまな課題が見えてくるでしょう。モデルのトレーニングに時間がかかる場合は特徴量やアルゴリズムを試行錯誤することがスケジュールの遅延リスクをもたらすかもしれません。システムに組み込んでみたら学習・推論のコストがネックになるかもしれません。計算資源が潤沢ではない端末で学習・推論を行う場合はモデルの軽量化ニーズが出てくるかもしれません。運用まで漕

ぎつけても、そのあとのオペレーションが負担になる場合は、次第に使われなくなっていくこともあります。「想定よりもうまくいかなかった」「意外とうまくいった」など、期待値は上下するでしょう。これらは事前に回避できることも多いですが、はじめての機械学習プロジェクトでは想定しきれないこともあるかもしれません。リスクコミュニケーションとして「不測の事態があるかもしれない」という共通認識を関係者全体で持っておくべきです。

期待値の提示のしかた

実際にどのように情報を提示していくかは状況によるかもしれませんが、筆者はプロジェクトの定期的な報告の場では、いつも3つのラインとそれぞれのメッセージを用意することを意識しています（図3）。

まずは「現実ライン」。これは正直このあたりに（スケジュールや精度が）着地しそう、という機械学習エンジニアからみた現実的な見通しです。筆者のプロジェクトでは毎週（時期によっ

てはほぼ毎日）進捗を報告していますが、基本的にはこの現実ラインをベースに検討や議論が行われます。着地点はズレることもあるのですが、高頻度ですり合わせることで、事業部メンバーもブレ幅について一定の共通認識を持つことができます。

続いて「最低ライン」。3つの中で一番意識する必要のあるラインです。精度が出なかったとしても、最低これくらいはいくだろう、という保守的な想定になります。ここの認識が揃うことで、仮に精度が期待通りではなかったとしても「こういうユースケースとしては出口が作れるかもしれない」という最低限のプランが作れるのです。もちろんビジネスケースとして満たすべき最低限の要件はあるので、いたずらにラインを低く設定すればいいというものではありませんが、このような「万が一のときの打ち手」が検討できていると、安心してプロジェクトを進行することができます。のちほどあらためて説明するように、将来的に継続して機械学習の案件を回していくためには、機械学習エンジニア・ビジネスチーム両者に経験が必要と

	内容	特徴
現実ライン	その時点で現実的に着地しそうな見通し	・合意形成の基準となる。 ・高頻度で合意することで期待値の幅について共通認識ができる。
最低ライン	想定通りの精度が出なかった場合など、保守的な見通し	・「ここは最低限超えそう」というベースラインとして機能する。 ・仮にうまくいかなかった場合の出口の想定に使われる。
理想ライン	プロジェクトとして最大限夢を持ったときの見通し	・プロジェクト関係者の道標として機能する。 ・期待値が過剰にならないよう、合意の頻度は多くはない。

◆ 図3　定期的に合意形成するライン

なります。あと一歩というところでプロジェクトを閉じてしまう場合と、ビジネスとして大きくなかったとしても最後までプロジェクトをやりきった場合とでは、経験値が圧倒的に変わるのです。そのような意味で、仮にうまくいかなくても着地するケースという保守的な予防線はあるに越したことはありません。

プロジェクトを進行していく上では、これらの2つのラインを関係者と握ることに注力しますが、あまりに現実的な想定だけで閉じてしまうと、保守的なアウトプットしか作れなくなってしまうのも事実です。そのため、「理想ライン」のすり合わせも並行して行っていきます。これは、機械学習案件として夢を持つならそこに到達したい、という理想像です。理想が高すぎると、どうしてもその期待感に引きずられてしまい正しい見通しを持つのが難しくなる懸念はありますが、「こうあってほしいよね」という目指すべき理想像が共有されていることでプロジェクトが前に進むきっかけになることは実際よくあります。

プロジェクト進行上は、「現実ライン」「最低ライン」を継続的に合意することで着地点の軌道修正を図る一方で、機械学習エンジニアとしては当然「理想ライン」を目指していきましょう。

プロジェクトを前に進める
コミュニケーションについて

ここまでは、リスクコミュニケーションの文脈で期待値調整について述べてきました。一方筆者の過去の経験をもとに別の観点からみると、コミュニケーションの最大の効用は「一体感の醸成」かもしれません。

前節で述べたとおり、プロジェクトを進める中でビジネスチームからの協力が必要な場面は多いでしょう。機械学習エンジニアだけでは把握しにくい特徴量の解釈を一緒に進めたり、実績が下ぶれしたときのバックアッププランを一緒に考えたり、お互いに助け合いながら進捗していきます。ここで避けるべきは、機械学習エンジニアの動きが過度に受動的になってしまうことです。こちらにその意図がなくとも、物理的な距離があったり接触頻度が少ないと、自然とコミュニケーションが減って認識の齟齬が発生しやすくなります。全員がプロジェクトに関わっているんだという意識作りは経験上非常に有効で、座席を近くにするといった些細なことでも効果が出るところなのでぜひ試してみてください。

3-3 機械学習案件を成功させるということ
多くの"1"を生み続けるために

プロジェクト単位の成功

　本章では、機械学習案件をどのように進めるのか、その全体像を眺めながら気をつけるべきポイントを紹介してきました。最後に、機械学習を成功させることについてあらためて考えてみたいと思います。

　プロジェクト単体の成功を考えると、各工程で正しく期待値をすり合わせながらアウトプットを出し続けることになります。機械学習プロジェクトの障害は、着地点のブレに尽きます。まだユースケースや運用知見が少ない領域で「やってみないとわからない」余地が大きいと、なおさらブレが大きくなってしまいます。

　このような不確実性によるリスク自体を最初から小さくしてしまうという発想もあるかもしれません。仮に機械学習部分がうまくいかなくてもバックアッププランがある状態で、知見を貯めるために投資としてチャレンジする場合などがこれにあたります。しかし、この場合は目標の設定があいまいになりやすく、取り組んだものの結局有用な知見は貯まらなかった、という結果になることも少なくないでしょう。

　人材に目を向けると、実際の現場では、ビジネス・機械学習・アプリケーション開発すべての観点でプロジェクト全体を見通せる万能人材が案件を回すことで、プロジェクトを安定的に着地させている、というところもあるかもしれません。機械学習を活用する企業が増えていくにしたがって、このような「スーパーマン待望論」が大きくなっていると感じています。しかし、このような人材は稀ですし、個人に過度に負荷が集中します。また、回せる案件が制限されて長期的な組織の成長が見込みづらくなるため、将来性を考えると現実的ではないでしょう。

　現実的な解は、やはりスーパーマンの仕事をなるべく水平に分散させた上で、組織の体制・カルチャー作りを進めていくという地道なアプローチかもしれません。先ほど言及したディー・エヌ・エーの例では、機械学習領域のメンバーはさまざまに分業化されており、ドメイン知識があるサービス付けのデータアナリスト、特徴量エンジニアリングやモデリングが得意なデータサイエンスチーム、ディープラーニングを中心とした最新研究の実装が得意なAIエンジニア、分析基盤を運用しているチーム、機械学習に詳しいビジネス開発担当、とさまざまな専門家が多層的に領域をカバーしています。このようなチーム体制と合わせて、事業部に根付いている分析カルチャーやコミュニケーション障壁の小ささといった組織由来の要因によっても、機械学習エンジニアの負担は大きく軽減されています。

データサイエンティスト養成読本 ＜ビジネス活用編＞　53

現在はまだ機械学習プロジェクト自体が手探りで進められている時期なので、個への依存度が強くみえる状況だと思います。しかし、次第に組織論・工学論として知見が成熟していくことが、今後の機械学習の実応用の鍵を握っていると信じています。

継続的な
複数プロジェクトの成功

今後は、さまざまな業界で機械学習が使われていくでしょう。1つのプロジェクトの成功をベースにして、複数のプロジェクトを安定的に成功させる必要も出てきます。筆者もこの領域は試行錯誤の段階ではありますが、現時点で大事にしたいと考えているのは「いかに多くの"1"を作るか」ということです。1つの機械学習プロジェクトをやりきることで得られる経験はとても大きなものです。「初期にもっと適切な期待値コミュニケーションをとるべきだった」「もっと前工程でトラブルに対応できていたはずだ」「実験の工数バッファはもっと取っておくべきだった」…さまざまな体験が、次のプロジェクトの成功確度を大きく上げると考えています。そのため、仮にビジネスインパクトの大きなプロジェクトではなかったとしても、「まずは挑戦してみて、そして最後までやりきる」ことの蓄積は将来的に大きな価値を生むはずです（もちろん、ビジネスデザインの項でお伝えしたように「挑戦する」というのは見通しなく進めるということではありません）。ホームランにばかり執着すると非現実的なので、少しずつヒットの確率を高めることで得点に結びつける、という考え方

に近いかもしれません。

0が1になる道のりは短くはありませんが、あと一歩というところでプロジェクトを閉じてしまうとせっかくの投資を活かせないまま機械学習の取り組み自体が萎縮してしまいます。その意味でも、前節「現場との期待値調整」でお伝えした「最低ライン」の出口を持つことは重要だと考えています。目指していた理想状態ではなくとも、最低限の着地をすることで次につながる足がかりができるからです。

最後に

「機械学習プロジェクトの進め方」という広いタイトルで、筆者の経験をもとにプロジェクトの性質や考えをお伝えしてきました。機械学習というとデータ分析やモデリングの話題に集中しがちですが、プロジェクトとしてとらえるとその前後の工程にはさまざまな課題やまだ整理されていないノウハウがあります。そうした部分に光を当てるために、本章は「機械学習案件は想像以上に大変だ」という保守的なトーンになっているかもしれません。しかし、読者のみなさんが普段見聞きしているように、機械学習の進展はめざましく、日々新しい技術や話題が更新されています。やがて、機械学習の技術がよりコモディティ化して、多くの人が扱える技術になってくると、さまざまなビジネスチャンスが生まれてくると確信しています。機械学習プロジェクトを成功させ続けるためにも、まずはスモールスタートでもいいので「すべてのライフサイクルを経験していく」ことを繰り返すのが一番の近道になるのではないでしょうか。

第4章

メルカリが挑むスピードデータサイエンス

爆速成長アプリを支えるBIチーム

《著者プロフィール》
樫田光(かしだ　ひかる)
2016年に中途でメルカリ入社。データ分析を通して国内/米国の両事業の企画支援・戦略立案を行う一方、BIチームのマネージャを務める。
メルカリへのジョイン以前は、外資系戦略コンサル、スタートアップ取締役などでのビジネス経験を経たのち、データサイエンスに興味を持ち30歳でプログラミングの勉強をはじめてデータの世界に転身。好きな言語はPython。
Twitter https://twitter.com/hik0107
Qiita https://qiita.com/hik0107

メルカリはいま世界的に急成長をみせるCtoC市場において、グローバルにサービスを展開している会社です。この環境での事業運営においては、データドリブンかつ圧倒的なスピード感を持った意思決定が要求されます。世界で競争するための人材が続々とジョインする中で、データ分析組織とデータ分析者はどのように振る舞うべきでしょうか。本章ではメルカリで取り組まれている意思決定を最速化する体制や、データリテラシーを組織に根付かせるための取り組みを紹介します。

4-1　BIチームとデータアナリスト

4-2　組織／Organization

4-3　文化／Culture

4-1 BIチームとデータアナリスト
ミッションは「意思決定力MAX化」

はじめに、簡単に筆者が所属する会社（株式会社メルカリ）と筆者自身について紹介します。

メルカリと開発組織の全体像

メルカリはフリマアプリ「メルカリ」をはじめとして、各種のCtoCサービスを展開する会社です。国内最大のフリマアプリである"メルカリ"を日本で運営しているほかに、US・UKなどでも同様のコンセプトのCtoCマーケットプレイスMercariを展開しています。

USのサービスに関しては、Palo Altoにあるローカルのオフィスでの開発と同時に、日本オフィスでも開発を行っています。そのため、日本オフィス社内のプロダクト開発チームは、大きく2つに別れています。

- 国内のメルカリアプリの開発を行うチーム（通称「JPチーム」）
- US Mercariの開発を日本国内で行うチーム（通称「US@Tokyoチーム」）

会社の特徴としては、まず上記のとおりグローバル志向であることが挙げられます。社内にも多国籍なメンバーが多く、関わるプロダクトによっては海外とのやりとりも頻繁に発生します。

もう1つの大きな特徴として、会社としてもサービスとしても、非常に成長のスピードが早い点が挙げられます。執筆時点でメルカリは5歳の若い企業ですが、サービスのダウンロード数は1億件、登録MAU（Monthly Active Users）は約1,075万人を超えています。

この成長のスピード感は、メルカリで働く上での1つの醍醐味である一方、データ分析チームを含め社内の組織構造では、スピードへの最適化を必要とされるシーンが多く存在します。

筆者について

筆者はメルカリに2016年の初期にデータアナリストとしてジョインしました。

入社してからの1年はUS@Tokyoチームで、Mercari USのための分析をしていました。その後、2017年4月から現在まではJPチームで分析をしています。

データ分析チーム全体を率いるマネージャとしての業務をしていますが、自分の時間の半分は実際に分析に当てるようにしているプレイングマネージャ・スタイルで働いていて、分析の勘所が鈍らないように腐心しています。

続いて、筆者の所属する、メルカリ内で分析を行う専門チーム"BIチーム"の組織について説明します。

メルカリ内の分析を一手に担う専門部署

「BI（Business Intelligence）チーム」はメルカリでの分析を専門に行う部署で、社内のさまざまな判断・意思決定を定量的な分析から支える役割を担っています。所属するメンバーは基本的に「データアナリスト」と呼ばれています。

社内的には「BI」という呼称で浸透しており、チームのロゴシールなども存在します（図1）。

◆図1　BIチームのロゴ。チームのメンバーのほか、分析が好きな多くの社員がPCに貼っている

現状、BIチームの人数は決して多くなく、少数精鋭のチームです。ただ、これからの展開に鑑みて、積極的に採用を行い、メンバーを増やしているフェーズです。

日本国内だけでなく、USオフィス（Palo Alto）とUKオフィス（London）にもそれぞれ現地のBIチームが存在します。

ミッション・プリンシプル

分析を専門とするチームを運営するうえで、チームのミッションをどのようにとらえるかは、非常に重要だと考えています。

なぜかというと、"データ"という言葉からは、できること／できると周囲から期待されることが非常に幅広くとらえられます。そのため、自身のスコープと存在意義を明確に規定しておかなければ、業務内容が薄く広くなってしまい、本当にフォーカスしてやるべきことを見失ってしまうからです。

メルカリのBIチームのミッションは「意思決定力MAX化」という言葉で表されると考えています。社内における

- 経営
- 事業
- プロジェクト
- 施策・UX/UIの変更

といったさまざまなレイヤーの意思決定の確度・スピード・納得感（これらすべてを"MAX化"という言葉で括っています）を、定量的なファクトを使って高めていくことが自分たちの存在価値であるととらえています。

逆にいえば、アウトプットの結果が何らかの意思決定に対してインパクトを与える可能性が低い分析などは、最低限に抑えられるように腐心しています。

メタファーとして考えてみると、すごく心配性の人に「明日、雨降りそうって聞いたけど降水

確率って何%?」と聞かれるとします。「90%と10%だったらどう変わるの?」と聞き返したときに「どっちみち傘を持って行く」という回答になるようであれば、その場合は結局、意思決定は変わらないので、分析する必要はないと判断します。

数字やファクトというのは、時に必要をこえて過度に頼られる可能性があるので、分析の必要度合いは見極めるように注意しています。

データアナリストの役割

次にBIチームの業務内容について、最初に簡単に紹介します。

BIチームは、メルカリの組織内ではプロダクト開発部の一部として存在しています。プロダクト開発部は文字通りプロダクト、弊社の代表例でいえばフリマアプリ「メルカリ」などの開発と改善などを行い、サービスの成長を目指す組織です。

部内にはプロダクトマネージャ（以下PM）、エンジニア、デザイナー、データアナリスト、マーケターなどが在籍しており、少人数のプロジェクトを組成して各プロジェクトごとに施策のPDCAを高速で回しています。データアナリストは、主にこのPDCAの"Plan"と"Check+Action"に深く関わっています。

"Plan"に関しては例として図2のようなことをデータ分析を通して支援していきます。プロジェクトの組成初期では、そのチーム全体のKPIやそのブレークダウンを設計し、大枠の方向性やゴールなどの設定に寄与します。また、PMとディスカッションを行い、施策候補を洗い出したうえで、それらの施策のポテンシャル・解決できる問題の大きさなどを可能な限り定量化し、優先度の判断なども行います。

もちろん、こういったプロセスはBIのデータアナリストが独断的に行うものではなく、PMや事

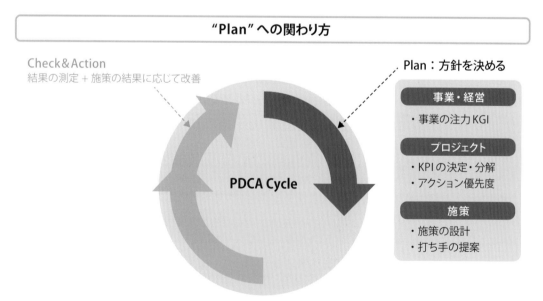

◆図2　Planフェーズに対するBIチームの関与のしかた

業責任者との強い連携と蜜なディスカッション
を通して進められていきます。

"Check&Action"もBIチームの力が発揮
される場面といえます（図3）。

分析チームの役割として、比較的イメージし
やすい施策の効果測定などはもちろん行って
いますが、単なる効果分析だけでなくそこから
の深掘りや改善提案などをより重視しています。

また、「恒常的なCheck&Action」という意
味では、ダッシュボードが1つの大きな要素と
して挙げられます。ダッシュボードの社内的な役
割については、**4-3 文化／Culture** で詳しく述
べます。

本節の冒頭で述べたとおり、圧倒的な成長
速度を体現しているメルカリにとって、プロジェ
クト内および施策のPDCAサイクルのスピード
は事業と組織の生命線の1つともいえる要素
です。BIチームはこのサイクルのスピードを加
速する、もしくは分析によって1つのサイクルの

成功確度をうえげるうえで重要な役割を担って
いるといえます。

Beyond the Product

BIチームの業務スコープは主にプロダクトに
関係するものになりますが、社内的にも数字全
般に精通してる事情から、プロダクト以外にも
数値に関する部署との連携を行うことがあり
ます。例として、最近分析に着手しているCS
（Customer Support）向けの分析などが挙
げられます。

そのほか、広報やファイナンスなどコーポレー
ト系の部署から、外部に公開する数字の相談
などを受けることもしばしばあります。また、新
規事業の相談をされることもあり、社内でも活
動の幅は非常に広く、かつ全社的、プロジェク
ト横断的に情報をとらえることのできる立場に
いるといえます。

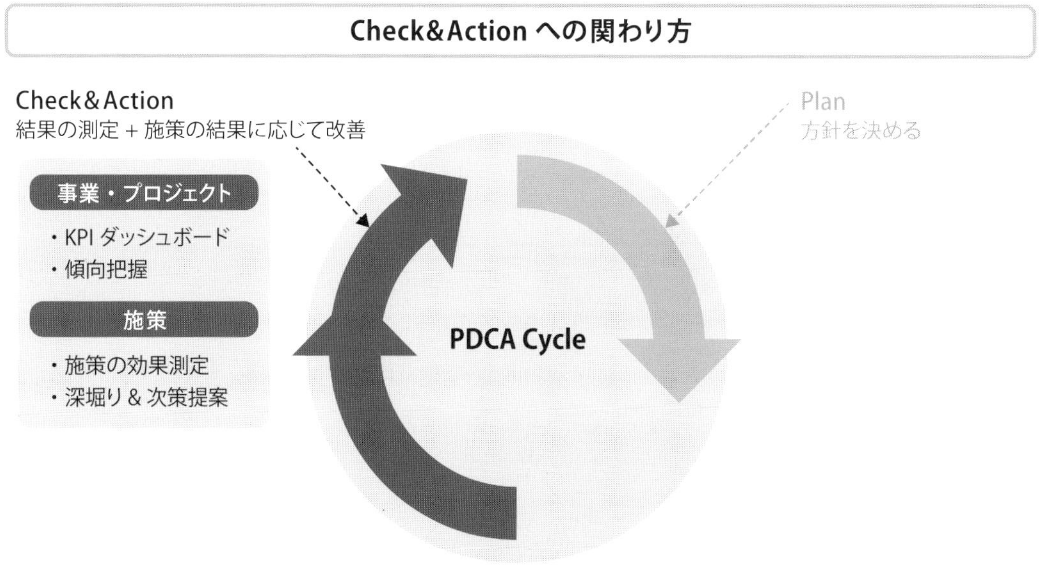

Check&Action への関わり方

Check&Action
結果の測定 + 施策の結果に応じて改善

事業・プロジェクト
・KPI ダッシュボード
・傾向把握

施策
・施策の効果測定
・深堀り & 次策提案

PDCA Cycle

Plan
方針を決める

◆ 図3　Check&Actionフェーズに対するBIチームの関与のしかた

プロジェクトの例

いくつかプロジェクトの例を挙げて、BIチームがどのような動き方をするのか、そのイメージを紹介します（図4）。

実際にBIチームが扱う範囲は非常に広いのですが、ここでは具体的なイメージをもってもらうために、2つほど例を挙げます。

例① 機能開発系プロジェクト

- アプリ内のどこに特にユーザのペインポイントがあるかを特定（ファネル分析など）
- 施策案洗い出しのディスカッション
- 施策のインパクトのポテンシャルの定量評価
- 現状のペインの大きさを過去の行動ログから推定
- 改善のKPIへのインパクトを試算
- 新機能実装のためのデータログ設計
- A/Bテストなどの設計と評価
- 新機能の分析。効果や利用度合い、KPIへのインパクトなど

例② グロース系プロジェクト

- ゴール目標とKPIのブレイクダウン
- ユーザのセグメンテーション
- セグメントごとのボリュームや特徴の分析
- 施策案洗い出しのディスカッション、施策インパクトの推定
- KPIモニタリングのためのダッシュボードの設計、実装
- 施策の効果測定

次節では、これらの分析業務によるプロジェクトへの貢献度を最大化するために、BIチームの組織体制について紹介していきます。

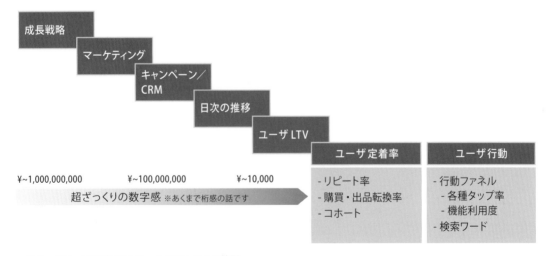

◆ 図4　グロース関連でBIチームが関わりうる範囲

Column ①世界3大発明で考える分析チームのミッション

すでに述べたとおり、BIチームの一義的なミッションは「意思決定のMAX化」にあります。これは今後もチームの核をなす要素であり、これ自体が変わることはないですが、チームの拡大や会社のフェーズによって、自分たちのミッションをもう少し広義にとらえる必要が出てくるかな、という可能性も考えています。その場合に、筆者が最も適していると考えているフレームワークが「世界三大発明」です（図5）。

世界三大発明とは、「羅針盤」「活版印刷機」「火薬」の3つを指します。

● 羅針盤＝意思決定の支援

羅針盤は、大航海時代に船旅の精度を高め、航海のリスクを低減し、人類が探索できる領域を拡張するのに大きく寄与しました。

これは分析で言うところの、定量化・データを用いた意思決定の支援であり、メルカリのBIチームが最も重要ととらえるミッションはこの「羅針盤」としての機能といえます。

● 活版印刷＝知識の民主化

活版印刷はさまざまな形で人類の活動レベルを上げたといえますが、顕著な例の1つとして聖書の流通が挙げられます。複写にコストがかかっていた時代、聖書は教会にしか存在せず、それが教会への権力集中の一端を担っていた側面があります。

しかし印刷技術の進歩は、聖書を一般市民にも流通させ「重要な情報の民主化」を実現しました。

これを分析の世界でとらえると、SQLなどの分析技術や簡単にデータを探索可能なBIツールの社内普及に近い概念といえると思います。社内の全メンバーがデータにカジュアルにアクセスできるようになることで、データの民主化を興し、組織としての意思決定力レベルの底上げにつながります。広義でみるとこれらはメルカリのBIチームのミッションといえるでしょう。

また、後述するゆるふわBIといった活動や、ダッシュボード文化の普及などと関連した領域であると考えています。

"世界3大発明"で考えるチームの価値

世界3大発明のもたらした価値を分析チームについての価値のメタファーで考えてみる

		ざっくりと説明	つまり…	分析チームで言うと
	羅針盤	大航海時代、新たな土地を目指す際の大事な道標となった	組織が進むべき方向性を示す	KPIを立てて、目標に正しく向かっているかトラッキング
	活版印刷	それまで教会にしかなかった広く一般に流通させたり、歴史を書き記すのに使われた	情報と知識を民主化し全員が使えるようにする	分析の知見を貯めて誰からも見れるようにSQLの使い方を普及
	火薬	戦闘力・生産性の向上が起こり騎士階級などそれまで力を持っていた階級の優位性を奪った	新しい、競争優位性のための武器の樹立	機械学習施策

◆図5　世界三大発明と分析チームのミッションのメタファー

第4章　メルカリが挑むスピードデータサイエンス

● 火薬

　火薬は、古代において基本的には国家の戦力＝兵士の頭数という単純な形で決まっていた国力の概念を覆し、「武力のルールチェンジ」を巻き起こしました。

　現代においても、テクノロジーの勃興が従来の労働集約型のビジネスモデルにありがちだった、会社の組織規模＝会社の生産力という概念をさ

まざまな分野で覆しています。特に近年で発達と普及がめざましく、データ分析と関わりが深いのが機械学習です。機械学習は現代のルールチェンジの道具つまり21世紀における火薬であるといえます。

　社内のMLチームと共同しながら機械学習を推進することも、将来的にはBIチームの重要なミッションの1つとなるでしょう。

4-2 組織／Organization
ハイブリッド型組織がどのように機能しているのか

　本節では、組織内でのBIチームの位置づけと体制について説明します。

メルカリのプロジェクト運営方針

　まず、分析チームとしての組織体制の話をするまえに全体の理解のためにメルカリ全体の経営体制と組織の組成の方法について説明します。

　メルカリでは、4半期ごとに経営目標を定め、それにそってプロジェクトチームの編成を行い、各チームごとにそれぞれが細かい方針を決めて活動する、という経営サイクルを採用しています。

　プロジェクトは、期ごとにフォーカスするKGIを分解する形でテーマを与えられます。たとえ

ば、次に挙げるような粒度でテーマを分けます。

「キャンペーン施策」
「新機能」
「UX向上」
「ユーザ獲得」

　BIチームのデータアナリストも、これらのプロジェクトのテーマにそって必要となる分析を展開していくことになります。

BIチームの位置づけ

　メルカリでは、BIチームは組織横断的なチームに位置づけられ、そこに所属する各アナリストが開発プロジェクトを分析面で支えています。

4-2 組織／Organization
ハイブリッド型組織がどのように機能しているのか

各アナリストは、基本的に1つのプロジェクトチーム（場合によっては複数）を半専属的に担当し、BIチームという横軸組織に属しつつも日常業務では担当するプロジェクトチームの一員として動きます。

BIチームは、座席としてまとまって座っているわけではなく、それぞれ各PJO（プロジェクトオーナー：各プロジェクトのリーダー的な存在）の近くに座って仕事をするようにしています。

そのため、公式の組織図の上では横断組織として存在しながらも、実質的には各プロジェクトチームの一員としての位置づけの方がウェイトとしてははるかに大きくなっている、**ハイブリッド型の体制**になっています（図6）。

BIチームとしての活動

このため、BIチームのアナリストは個別で1人のプロフェッショナルとして動くことが多く、比較的アナリスト同士が一緒に活動する機会は限定されています。

1週間の中でチーム（もしくは複数のアナリストが共同する場）の活動は最低限に留められ、具体的には次に限られます。

- 毎週月曜45分のスタンドアップミーティング（通称SM）
- 週1回のチーム定例60分

SMは主に、①各メンバーが今週取り組むタスクの大まかな共有②先週の分析アウトプットの共有を行う場です。お互いが取り組んでいる課題を把握しておくとともに、分析の内容に関する議論や知見の共有などもここで取り交わされます。

チーム定例では、BIチーム全体としての活動が必要な案件（ツールのリプレイスや採用関連、社内の分析教育など）についての推進がメインの目的です。

そのほかに時として必要となる管理監督的な業務や、細かいやりとりなどはほとんどをSlack上で行っています。

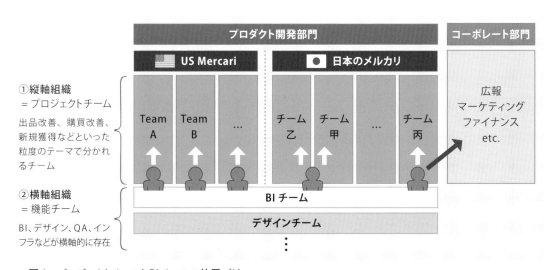

◆図6　プロジェクトチームとBIチームの位置づけ

もちろん、入社して日が浅いメンバーに対してのメンタリングや教育、またアナリスト同士での分析相談などは上記の枠組みとは別に行われており、そういった場面では複数のアナリストが一緒に活動する機会は用意されています。

この組織体制を採用する理由

メリットとデメリット

このハイブリッド体制を敷く意図について少し説明します。

一般的に、データ分析チームを横断組織として存在させることには、メリットもデメリットも、それぞれあると考えられます。横断組織としてのメリットとしては、次の3点が挙げられるでしょう。

①スキル育成・標準化：同様のスキルセットを持ったメンバー同士で集まることで、相互的なスキルの向上や、ベストプラクティスの交換などが進みやすい

②人事評価：同職種同士であるゆえに、技術面の評価などが比較的フェアに行える。またキャリアパスなどの議論がしやすい

③アサインメントの柔軟性：どのチームの範囲にも属さないような仕事、ボールを拾いやすくなる。一定スパンでの担当のシャッフルなどがしやすい

逆に、デメリット面としては次のような項目が該当するのではないでしょうか。

- プロジェクトへの帰属意識が薄れるため、実務上で成果につながる動きをしづらい
- 特定のドメイン知識が身につかず、筋の良い仮説が作れない
- チームとしての壁があるため、すべてにおいてスピードが遅くなる

現状のメルカリの事業運営では、ここで挙げた「デメリット」に該当する項目を克服することが非常に重要であり、それがBIチームとして、今のようなハイブリッド体制を敷いている理由にもなります。

ベンチャー企業メルカリで大事なこと

メルカリは前述のとおり、組織・事業の両面で成長速度が非常に速く、また社内にいるメンバーたちのスピード感に対する意識も非常に高い会社です。

そのため、BIチームが一般的な機能型の横軸組織として、「普段はチームとして固まっていて、分析のニーズや依頼に応じてプロジェクトをサポートしに行く」という形式を取っていると、プロジェクトメンバーが期待するPDCAのスピード感に対して、BIの分析アウトプットのスピードやクオリティがまったく合わなくなることが予想されます。

プロジェクトチームの運営では非常に多くの情報が取り交わされており、前提条件やプロジェクト内の環境も目まぐるしく変わっていきます。例として、日々プロジェクトのSlack上でさまざまな情報が流れています。またプロジェクトチームの席でも頻繁に口頭でさまざまなディス

4-2　組織／Organization
ハイブリッド型組織がどのように機能しているのか

カッションや意思判断が行われており、外部からこれらの状況をキャッチアップすることは容易ではありません。これは一般的な会社でも当てはまると思いますが、事業のスピード感を何よりも重んじるメルカリにおいては、この状況はより切迫したものです。

そういったチーム固有のドメイン知識や前提条件といったものが、プロジェクトにとって意味のある分析には必須の要素であると私達は考えています。そのため、プロジェクトの最前線にチームの一員として身をおくことは、分析で価値を出すための必要最低条件ととらえ、今のような体制（＝担当するプロジェクトへの一意なアサインメント、物理的な距離を含めたプロジェクトチームへのエンベッド）を敷くことにしています。

また、ややエモーショナルな話になりますが、プロジェクトの成功においては、プロジェクトチームとしての一体感が実は非常に大事だと考えています。チームの一員として、分析・提案をするからこそ信頼されることもあるし、実践的な提案ができるという側面があるのは無視できません。また、アナリスト本人のやりがいにもつながる部分だと思います。

ハイブリッド型の問題の克服

しかしこの体制によって、いくつかの運営上のデメリットが生じがちになるのも事実です。それをどのように克服しようとしているかについて説明します。

人事評価

この体制における1つの問題点として、人事評価の難しさが挙げられます。各アナリストが独立して働いているため、マネージャの私から見たときにメンバーの普段の活躍ぶりやパフォーマンスの視認性が低く、一般論として考えると人事評価が困難になる傾向にあります。

この点に関しては、次の3つによって大部分を克服できると考えています。

- マネージャ↔メンバーでの頻繁な1on1
- 評価の基準を標準化し、公表する
- プロジェクト側のメンバー（主にプロダクトマネージャ（PM））に協力をしてもらう

特に重要なのは、アナリストがアサインされているプロジェクトメンバーの協力です。BIチームでは四半期ごとの評価の際に、パフォーマンスレビューのためのヒアリングを15件ほど各PMと行っています（図7）。

1人のアナリストについて平均3～5名のPMにレビューを依頼します。このときに大事にしているのは、次の2点です。

- レビューしてもらう項目をこちらで提示し、全PMで揃える
- 同じアナリストのレビューでも、PMのシニア度によってヒアリングの場を分ける（シニアなPMとジュニアなPMでは観点が違うため。また、同じ席では概してシニアなPMの発言が多くを占めがちになる）

データサイエンティスト養成読本 ＜ビジネス活用編＞　65

15件のヒアリングは、セッティングや準備、実施とレビュー内容の総括などを含めて決して少なくない工数がかかりますが、普段ある程度独立して仕事をしてもらっている（＝マネジメントコストが低い）分、ここにはコストをかけるべきと考え、毎期必ず実施しています。

毎期末に定期的に行うことで、同じPM↔アナリストの組のレビューでは、アナリストの成長や変化に関して多くの示唆が得られます。

場合によっては、キーとなるPMとは隔週程度で1on1を行い、プロジェクトの状況と担当アナリストのパフォーマンスや課題点をアップデートし、育成の方法を話す体制を敷くこともあります。

メルカリでは、1on1は推奨されているコミュニケーション経路であり、マネージャの私とBIチームの各メンバーも毎週必ず30分の1on1を設定しています。

1on1の内容は必ずしも画一的なものではありませんが、自身のプロジェクト内での近況やパフォーマンスについては一定期間ごとに聞くようにしています。このパフォーマンスの自己認識と周囲のPMからのレビューを加味して、人事評価やフィードバックを行っています。

次の①～⑤の項目に関して、所感を伺わせてください
対象：2017/10-12月の仕事

① 問題を探す力
 - 必要な課題を自分で探せる
 - ビジネスの会話の中から能動的にデータを使った課題解決を提案できる
 - ダッシュボードなどが日々の問題発見に役立つように設計できている

② 問題を定義 / モデル化する力
 - 何かを知りたいときに、「どういう数字を見ればいいのか」をいい感じに考えられる
 - 『xx が yy なのか知りたい』という問いに対して、適切な指標・分析を設定できている

③ 定量化するスキル
 - クエリがきちんと書けているか
 - 数字の間違いやミスが多くないか
 - アウトプットまでに時間がかかりすぎていないか
 - 複雑な分析にもきちんと結果を返せているか

④ 伝える力
 - 結果のデリバリーが周囲に伝わりやすいか
 - 見る側のことを考えて、分析結果を共有、できているか
 - 単に数的結果を共有するだけでなく、ビジネス的な解釈・そこからの提案ができているか

⑤ 影響力
 - 周りの人にスキルの伝授を行っているか、など
 - 情報発信力があるか、周囲がその人のことを信頼しているか

◆ 図7　実際にヒアリングに使っている項目

繰り返しになりますが、これらの1on1や幅広いPMへのヒアリングはそれなりに工数を必要としますが、現状のBIチームの体制のうえでは必須であり、そこには時間を割くべきとの確信のもと、決して疎かにしないようにしています。

アサインとローテーション

アサイン、つまりどのアナリストがどのプロジェクトを担当するかは難しい問題の1つです。これについては、次を総合的に判断して決めていくことになります。

- プロジェクトの重要性
- データ分析が貢献できる余地の大きさ
- アナリストの適性／興味

幸い、メルカリでは4半期ごとに経営指標の優先順位が明確に提示され、どのプロジェクトがどの経営指標と関連するかがある程度明示されるので、これをアサインの優先度の参考にできます。

ただし、メルカリでは経営としてどういったプロジェクト領域に優先度を置き、リソースを投下していくかの判断が非常に柔軟かつダイナミックに変わっていくことがあるので、四半期ごとの注力テーマやプロジェクトの内容が前期を単純に踏襲しないということがよく発生します。そのため、アナリストが取り組む分析のテーマも、期ごとに大きく変わる可能性を秘めています。

もちろん、複数の期にまたがって特定のテーマのプロジェクトに一貫して関わってもらうことが基本的には多いのですが、経営レベルでの優先度見直しなどで、重点が置かれるプロジェクトが変わる局面などでは、大胆なアサイン変更を断行します。

たとえば、1年近くUS市場のマーケティングの分析を担当していたアナリストが、次の四半期は日本市場のCS（お客様からのお問い合わせ）の分析に変更ということもあります。

また、明示的にアサインされたプロジェクト以外でもアナリストの得意分野や活躍の幅によっては、周囲の別のチームから声がかかり、アドホックなヘルプや助言を求められるといった機会も頻繁にあります。

そういった、各自の活動範囲の拡張については（もちろん必要な場合は筆者がマネージャとして交通整理や工数管理に入ることはありますが）基本的にアナリストの自主性にまかせています。そのため、場合によっては単一のプロジェクトを超えて、かなり幅広い範囲で活躍することもできます。

このシチュエーションにも対応するため、アナリストの採用では特定のプロジェクトテーマでなくより汎用的な場面でも活躍し得る人材、具体的には分析力だけでなくや論理的思考力、問題整理力などを重視したタレントの獲得に力を入れています。この点については、後述のコラム「採用」で詳しく解説します。

本節では、メルカリ内のデータに関する文化背景や取り組みについて述べます。

4-3 文化／Culture
全社員のデータ感度／リテラシー向上への取り組み

社内のデータ感度

データアナリストが社内で幅広く活躍するためには、社内の「データリテラシー」のレベルは非常に大事です。これはデータ分析に関わる方、もしくは社内のデータ分析部署の活躍を望んでいる読者のみなさんも痛感していることであり、議論の余地なしではないかと想像します。

これは個人としての感覚値になる部分も大きいですが、メルカリはデータに対する意識やリテラシーが比較的高い会社ではないかと思っています。具体的には、

- 取締役や執行役員でも必要な場合にはSQLを書いている
- データを使った客観的な根拠のある施策判断が推奨されている
- 多岐にわたる職種がSQLを書いてデータの抽出などに励んでいる(具体的には、PMはもちろん、経理や広報、財務、CSなど)

このように全社的に数字による状況の判断と意思決定、施策アクションの定量的な振り返りが重んじられており、また個々の分析スキルは職種を問わず重要なものとしてみなされています。そのため、組織内でBIチームの果たす役割は大きく、社内的に部署としての十分なプレゼンスを発揮できている実感は強くあります。

分析のスピーディな共有

データの分析結果がどのような形で共有・報告されているのかについて紹介します。結論からいうと、社内での分析結果のデリバー(提供)はかなりカジュアルな形で行われます。

分析の報告というと、PowerPointでレポートを作成してミーティングを招集して関係者に分析の目的・使ったデータや手法・そして結果を報告…といった形式を想像するかもしれません。その一般的なイメージに反して、メルカリでの分析結果の共有は、極めて簡潔・スピーディに行われることが大半です。

最も多いのは、分析の結果(インサイト)がすぐにわかるようなグラフやWiki(共有ドキュメント)などを作成して、Slackに投稿しておしまい、というパターンです。場合によってはWikiすら作成せずに、チャートの結果を直接Slackに投稿しています。それからSlack上で議論が発展→近席に座っているPMなどのチームメンバーとディスカッションに発展といったように、分析を受けて考察やアクションが進んでいきます。

分析の結果が『誰からでも見れるようになっている』『結果が出たら即時共有』というのが

重要なスタンスです。これによって、Slack上で分析結果を見た人は誰でもオープンに意見ができ、さらにPDCAサイクルの高スピード化にもつながります。分析の結果をわざわざレポートとしてまとめたり、共有のためにミーティングを設定したり、ということを行わないのはこういった背景が大きく作用しています。

このように書くと、非常に単発的な分析ばかりしているようにも思えてしまうかもしれません。補足しておくと、大きな意思決定に関わるデータなどでは、さまざまな角度から多種に渡る分析を行う必要が出てくるため、時間をかけて分析をし、Google Slideなどでまとめてメンバーにプレゼンするようなケースもあります。

これは主に、事業の戦略上で重要かつ社内の幅広いメンバーに関わる分析として、多くの関係者の間でデータや事実に関する理解を共通させることが目的です。良質な分析のスライドは、多くの関係者に繰り返し見られ、企画や戦術を立てる際のスターティング・ポイントとなることもしばしばあります。

データリテラシーを 形成するための取り組み

元々の文化としてメルカリのデータリテラシーは高いレベルにありましたが、最近ではBIチームの活動によってデータへの感度をさらに高めるような流れを作っていきたいと考えています。そのために行っている具体的な取り組みについて、いくつか紹介します。

ダッシュボード文化の加速

ダッシュボードは社内のデータに対する意識を高め、数字にもとづいたPDCAを浸透させる上で重要な役割を担っています。また、日々の数字をモニタリングしKPIの変化などを監視するのに役立ち、施策が打たれた際に効果の度合いを簡易的にとらえるためにも使われます。

こういったダッシュボードの設計・実装もデータアナリストの重要な仕事ですが、特に重視しているのは誰もがいつも確認したくなる「愛されダッシュボード」を作れるかどうかです。ダッシュボードは社内の関係者に広く見られてこそ価値があるので、常に確認したくなるものを作ることにこだわっています。

具体的には、グラフの系列の数や色使いなど、細部が見やすいような設計にはこだわるべきだと考えています。そのほかにも、なるべく見る側の気持ちが「燃える」ような工夫も大事な要素です。たとえば売上の目標に対する実績を示す場合、日々の数字がただ表示されているものと、1日1日積み上がって達成に向かっているものでは、後者の方が見た目にも面白く、見る人を燃え上がらせます。

また、ほとんどのKPIは1日1回程度の更新でよいのですが、流通高や出品数など、特にキーとなるデータに関しては、ほぼリアルタイムで数値が見える「Live」というチャートを用意しています。これは数字に敏感な企画者は頻繁に観察していますし、施策を打ったときにすぐに効果を実感できるので、ダッシュボード上でも人気の高いコンテンツです。

地道ですが、こういったしくみを散りばめることで、ダッシュボードのチェックの頻度が上がり、

数字に対する意識や感度が高まることにつながっていくと信じています。

なおダッシュボードに関しては現在（執筆時点の2018年7月時点）はChartio（図8）というツールを使っていますが、現在進行系で「Looker」（図9）という新しいダッシュボードプラットフォームに移行中です。

Lookerは非アナリストがより能動的・主体的に数値分析を行いデータを取れるように最適化されているツールです。社内のさらなるデータ文化形成に一役買ってくれるのではないかと期待しています。

Chartio/Lookerのどちらもアメリカの会社によって運営されているもので、USオフィスで実用が先行したあとに日本でも導入した形になります。USオフィスの存在によってグローバル

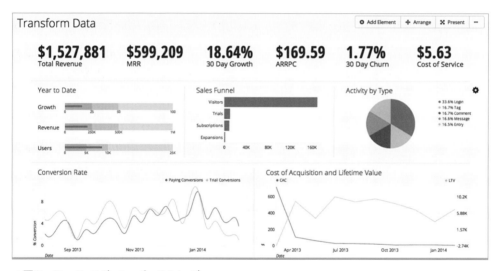

◆図8　Chartioのダッシュボードイメージ

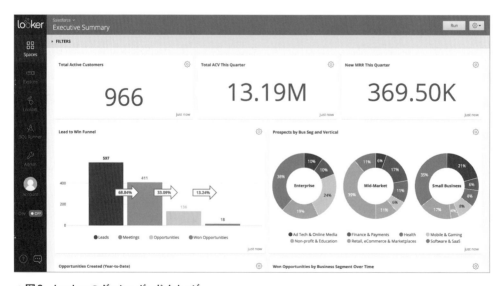

◆図9　Lookerのダッシュボードイメージ

基準のツールの選定・導入が行われているのはメルカリの特徴の1つです。

Slackへの KPI 投稿

多くの社員の意識を数字に向けるために、さらに発展した形として「SlackへのKPI投稿」があります。基本的にプロジェクトの運営に必要となる数字はダッシュボードに集約されています。しかし、それを見るという行為も言ってしまえば「一手間」がかかる上に、あくまでも「プル」のしくみです。よって「プッシュ」のしくみを用意することが大事だと考え、トップレベルで重要な数字に関しては、プログラムを組んでSlackに毎朝投稿しています（図10）。

◆図10　実際に数字が通知されているSlackの画面

これによって、毎日全員が数値をしっかり追う癖が付き、データに対する興味と感度が上がります。それに加えてしばしばSlack上で議論が起こることも良い点だと思っています。

「昨日いきなり数字が上がったんだけどこれ何？」のように、誰かが言い出すのです。1人でダッシュボードを見ていては誰とも会話になりませんが、Slackで会話をはじめることで、何が起こっているのか究明しやすくなります。

したがって、KPIの状況が設定したビジネス目標と乖離している場合などは、いち早くSlack上で議論が展開され、追加の施策が検討されます。こういった事業運営のPDCAを加速する上でも、シンプルながらこの取組みから得られるものは大きいです。

ゆるふわBI

日々、さまざまな分野で多種多様な分析ニーズが発生するメルカリでは、すべての分析をBIチームだけでこなすのは現実的ではなく、かつ非効率です。最も理想的なのは、簡単なものであれば、BIチームが介在せずに各部署でその分析を実行して問題を解消できることです。

そうした背景から立ち上げたのが「ゆるふわBI」通称「ゆB」と呼ばれているプログラム（https://mercan.mercari.com/entry/2018/05/31/190000）です。これは2018年からスタートしたのですが、各部門のデータ分析が好きなメンバーを集めて、わからないことを聞けたり、一緒に勉強できたりする言葉のとおりゆるい組織です。

社内Slack上のゆるふわBIプロジェクトのチャンネルには今は100人以上（職種も経理、広報、財務、CS、エンジニア、マーケターなど多岐に渡る）のメンバーが参加しており、データ分析に関するさまざまな質問と回答が飛び交っています（図11）。

やりとりされる内容には、クエリの文法に関する簡単な質問から、過去の分析の知見、テーブル構造やカラムの定義、BigQueryのアップデート情報など、バラエティに富んでいます。

「ゆるふわ」という名前にもあるように、ここではどんな初歩的な質問でも受け付け、絶対に

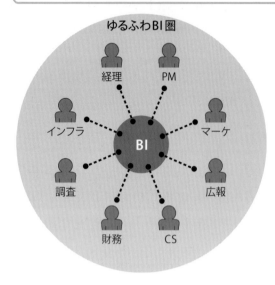

◆図11　ゆるふわBIの概念説明

誰かが返信するという雰囲気を作ることで、誰でも質問できるようにしておくことで、社内メンバー全体の能力向上に貢献しています。

週に一度行われる定例会では、参加メンバーが最近行った分析を共有したり、分析で困っていることを持ち寄って質問したりしています。この定例会も有志で参加できる形式のため希望者が非常に多く、最近ではチームを複数に分けて実施するまでのコミュニティに拡大しています。

SQLブートキャンプ

四半期ごとにゆBメンバーの中から数名の立候補を募って、BIチームのメンバーが1on1で集中的にSQLと分析の指導を行う「SQLブートキャンプ」という取り組みがあります。

これは、特にデータ分析力を強化したい有志が3ヵ月にわたって分析のアウトプットを作っていく教育プログラムです（図12）。

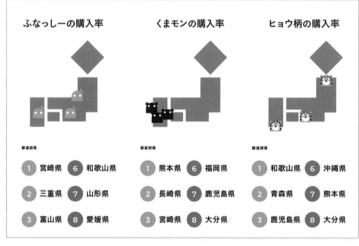

◆図12　ブートキャンプ生徒のアウトプットの例（マーケメンバーがバズる系の企画のために分析したもの）

まず、ブートキャンプの生徒は分析をするテーマを決めます。そして、週に1時間アナリストと1on1の相談時間を確保し、そこで具体的な質疑や本職の分析者の指導を受ける権利が与えられます。この際、自身の業務に関連が深い分析テーマを選んでもらうようにしています。さらに、週一のゆB定例会での発表が決められており、週次で進捗が出るようにコミットすることを求められるとともにモチベーションを保つことで、データリテラシーを上げるしくみです。

Query Recipe

GitHubに過去のクエリを蓄積していく「Query Recipe」という取り組みをはじめています（図13）。

書いたクエリにはその人のノウハウが詰まっており、分析業務は意外と属人化しやすいところがあります。分析に使ったクエリをどこかに集めておけばいろいろとメリットがあると考え、GitHub上にメンバーが書いたクエリをアップしています。社内の非アナリストには、クエリの雛形さえあればそれを改変して自分で実行できるくらいのレベルの人が多いです。過去に分析に使われたクエリの集積には大きな意味があるという思想のもと、このしくみを作りました。

実際、BIチームのメンバー同士でも「この分析方法は知らなかった」ということも時としてあるため、クエリの共有は大事だと考えます。また、これからチームを拡大するにあたり、新しいメンバーのラーニングコストを下げることにもつながります。もちろん先述の「ゆB」のメンバーの参考にもなります。

まとめ

本稿ではメルカリ社内の分析に関するさまざまな取り組みと文化を紹介しました。これらの取り組みの背景には、何をおいても「メルカリという組織」全体が持つ性質が深く関わっています。それはすなわち次に挙げるような要素です。

◆図13　QueryRecipeのGitHubページ

第4章　メルカリが挑むスピードデータサイエンス

- プロダクトの成長速度と、それを支える組織全体のスピードに対する意識の高さ
- 事業や組織構造の変化・流動に対する適応の必要性
- 経営から執行レベルまでデータを重視するカルチャー

　分析チームの組織づくりや社内での取り組みについては、企業の規模やフェーズによって、千差万別のやり方があると思いますが、ス

ピード感を持って事業を推進し結果を出すことにこだわりたい組織や、データリテラシーの素養があり、それを一段と高めていきたい会社などでは、参考にしていただけるような情報になっていれば幸甚です。また、メルカリの組織の強さと文化は、一にも二にも優秀な社員の採用によって形成・維持されています。弊社のデータ分析文化の雰囲気を感じ取っていただいて、共感できる方はぜひ門戸を叩いてみてください。

Column　②採用について

　本コラムでは、BIチームの採用の考え方と採用基準などについて紹介します。

● 分析フローにおけるフルスタック

　具体的な採用基準について紹介する前に、メル

カリのデータアナリストが行う業務のプロセスを可視化すると、**図14**のようになります。細かい違いはあれど、だいたいの会社ではデータアナリストが業務でバリューを出すためのフローはこれに近いと思います。

	どのようなステップか	実際の作業としては	作業比率
①課題の発見	**何を知りたいか**を決める	・企画者とのディスカッション ・定点 KPI モニタリングなどからの問題発見 ・ユーザインタビューなどからの仮説構築	20%
②課題の定義・モデル化	**何を分析するべきか**を決める	・知りたい課題をどのように数値化するかの設計 ・比較分析のための群設計 ・基本、頭で考える作業　ここは PDCA	50%
③課題の定量化	**分析を実行する**	・SQL/Python などのコーディング ・Google スプレッドシートなどでの図示化、傾向発見	
④結果の共有・解決方法の提示	分析の結果を**非アナリストが理解できる**形にして、アウトプットする	・分析結果のビジネス的解釈 ・グラフ化、単純化 ・Wiki などへのまとめ／ Slack での共有	15%
自動化・定型化	定期的に見たい分析などだった場合、自動化を行う	・ダッシュボードの実装・自動更新の設定 ・自動化ツール	15%

◆図14　分析フロー

メルカリでは、基本路線としては、図の①〜④のどこかが突出して優れている（そのトレードオフとして苦手なステップがある）というタイプよりも、全能力がバランスよく高いという人材を採用するようにしています（※2018年7月執筆時）。

これは組織の話でみたように、各アナリストがそれぞれ独立してプロジェクトチームに入り込み、担当したプロジェクトの分析に関する業務を川上から川下まで一手に引き受ける、というスタイルを必要とするからです。

ひとりひとりが独立して課題の発見から分析の要件の設計・分析の実施とデリバーまで行えるフルスタック的な能力を持っているため、一緒に働くプランナーにとって非常に頼りになる存在として認知され、スピーディな業務展開が可能になります。

● 勇者型アナリスト

筆者はこのようなプロセス完結型のスキルセットを揃えた人材を、「勇者型人材」と呼んでいます。これはゲームの勇者のように、戦えば強く、攻撃魔法・回復魔法などのひととおりのスキルセットを備えているバランスの良い人物のたとえとしての呼称です。

現実世界のデータアナリストは魔法が使えるわけではありませんが、一般的に図15で示すようなスキルと特徴を持っていると考えています。

これらのスキルをすべてバランスよく備えた人物がメルカリのデータアナリストとして理想的な候補となります。たとえて言うなら、BIチームは勇者のたまり場でそれぞれがいろいろな世界（プロジェクト）を救うため個々で旅に出ていきます。

● 採用のためのチーム内言語

この基準に当てはまる人物を採用するために、チーム内では採用基準を図16のように3つの要素に分類して考えています。

これはもともと、ギリシャの古代哲学者のアリストテレスが、自著で述べた「人を説得するのに重要な3要素」を引用して、現代の企業人風に再解釈したものです。

パトスとは英語で言うところの「Passion」で、メルカリで働くにあたっての熱意や動機などがマッチしているか、という観点を表しています。

エトスとは英語で言うところの「Ethic」で、広い意味での人間性ととらえて解釈しています。具体的には、コミュニケーションのとり方やチームでの協働がちゃんとできる、周囲から信頼を得られる人間性なのか、という観点を表しています。

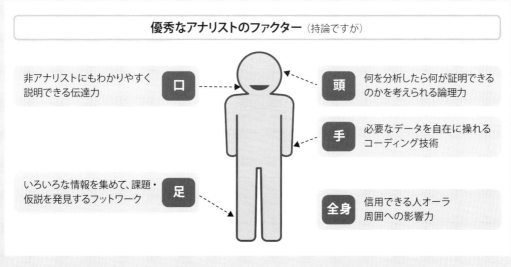

◆ 図15　現代の勇者が持っているべき資質

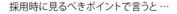

◆図16　アリストテレスの3要素の現代解釈

　ロゴスは英語と言うところの「Logic」で、自分が主張したいことを論理的で説明可能な形に落とし込むスキルを有しているか、という観点を表しています。ロジカルな思考ができるかどうか、という点や分析の設計から定量化までが適切にできるか、という点が該当します。

　データアナリストとしてのハードスキルという意味では一般的にはロゴスに依るところが大きいと考えますが、メルカリ社内では価値を出すためにパトス／エトスのような、ソフトスキルも非常に大事であるととらえているため、この3つの項目は並列に置かれています。

　BIチーム内では採用候補者の評価は実際にこの3つの項目で行い、評価シートの記入もこの項目にそって設計されています。面接官から面接官への引き継ぎも、この3項目にそって行われます。

　また、候補者のことをより詳細に理解するために、この3項目をさらに「今後身につけることができるタイプの素質かどうか」で分けて考えています（これを便宜的に先天的要素・後天的要素と呼んでいます）。

　たとえばパトス（＝情熱）については、メルカリという事業に対しての関心や熱意は、面接などを通して理解を深めることで高まっていく可能性はありますが、「データ分析を通して何かを実現したい」などという、仕事そのものへの熱意を醸造することはより難しいと考えられます。

　よって前者は後天的要素、後者は先天的要素に分類し、先天的要素の方をより重要視して評価しています。

第 **5** 章

失敗しないデータ分析組織 の立ち上げ方

8つのプロセスとデータ分析人材から紐解く

《著者プロフィール》
中山心太(なかやま　しんた)
株式会社NextInt 代表取締役。一般社団法人未踏 機械学習ビジネス研究会幹事。
電気通信大学大学院博士前期課程修了後、NTT情報流通プラットフォーム研究所(現ソフトウェアイノベーションセンタ、セキュアプラットフォーム研究所)にて情報セキュリティ・ビッグデータ関連の研究開発に従事。その後、統計分析、機械学習によるウェブサービスやソーシャルゲーム、ECサービスのデータ分析、基盤開発、アーキテクチャ設計などを担当。2017年に株式会社NextIntを創業し、現在は機械学習に関するコンサルティングや、ゲームディレクター、グループウェア開発を行っている。
主な著作として「仕事ではじめる機械学習」(共著 O'Reilly Japan)

本章は「データ分析のプロセスと必要となる人材」、「データ分析組織の組成失敗事例」、「機械学習システムを受注開発する場合のSI企業の抱える課題」の3つの節で構成しています。本章の内容は筆者の経験にもとづくものであり、中でもSI企業の抱える問題については、仕事をさせていただいたSI企業の方と一緒に検討をしたものになります。
本章は、これからデータ分析組織を立ち上げようとしている経営者やマネージャ、一般的なIT知識があり機械学習をこれから学んでいこうとしているエンジニアをターゲットにしています。

5-1　機械学習導入のプロセスと必要な人材

5-2　データ分析組織の組成失敗事例

5-3　SI企業におけるデータ分析組織の立ち上げ

第5章　失敗しないデータ分析組織の立ち上げ方

5-1 機械学習導入のプロセスと必要な人材
過大投資を避け、費用対効果を上げる方法

はじめに

まず、筆者の経歴について簡単に紹介します。

- 大学で自然言語処理と集合知を利用したフィッシング詐欺の検知システムの提案
- 通信会社の研究所で情報セキュリティの研究と機械学習関連のミドルウェアの開発
- ソーシャルゲーム会社でゲームのデータ分析兼ゲームディレクター
- ウェブマーケティングのベンチャー企業で予測システムの開発と新規事業開発、経営

現在は独立し、自社サービスを開発するかたわら、新たに機械学習事業をはじめたい企業のサポートをしています。スタートアップからメガベンチャー、SI企業など、それぞれ別々の課題を抱える中で、一例としては次のようなサポートを行っています。

- 既存事業のヒアリングと機械学習による改善箇所の発見
- 論文・先行事例調査と簡易実装
- 組織立ち上げのための社内人材の調達、トレーニング

本章では、これまでの筆者の経験と知見をもとに、データ分析のプロセスとその過程で必要となる人材とデータ分析チームの立ち上げ方について述べていきます。

機械学習システムのプロセス

自社サービスに機械学習を組み込んだシステムを導入する場合、次のようなプロセスが必要です。

1. 自社の事業分析
2. 改善箇所の特定と費用対効果の検討
3. 現在取れているデータの収集と問題の定義
4. 本番への試験投入
5. データ収集基盤の構築
6. 機械学習のチューニング
7. 運用のための各種システム構築
8. 本番投入

それぞれのプロセスでどのような業務を行うのか、その際にどのような人材が必要なのかみていきます。

1. 自社の事業分析

まずはじめに、当たり前のことですが、自社

の事業を知らなければなりません。例として、次のような情報を調べます。

- 自社が属する業界におけるサプライチェーン
- 自社は何の問題を解決して付加価値を与えているのか
- 製品ごとの売上構成比
- 製品が作られる工程と、それぞれの工程で必要となる時間や人員
- 売上に占める費用の構成
- どのような顧客が自社製品／他社製品を選択しているのか

これらを知っていると知らないとでは、次のプロセス「改善箇所の特定」に取り組むにあたって大きな差が出てきます。

また、この「自社の事業分析」を通じて自社の業務を抽象化することで、まったく別業界の他社事例の横展開や、論文で発表されている先行事例の応用が可能になることがよくあります。

2. 改善箇所の特定と費用対効果の検討

「自社の事業分析」によって、どこを改善すればどれくらいの事業インパクトがあるのかがわかります。データ分析や機械学習による改善は、つまるところ「売上増」か「費用削減」のいずれかです。これから試そうとしている施策がどちらに属しているかを語れないのであれば、その施策を行う価値はありません。つまり、事業インパクトのある箇所に「売上増」「費用削減」のどちらを採用して改善していくのかを決める

ことになります。

加えて、機械学習にはスケールメリットが必要になってきます。そもそも機械学習システムは開発するのも運用するのも多大なコストがかかります。そのコストに対して、「売上増」「費用削減」が見合うのかを検討します。

筆者は顧客とのミーティングで「機械学習は『専門家の労働集約産業』を『設備産業』に転換する」という言葉をよく使います。機械学習は専門家の判断や意思決定をシステムに置き換えることで、人員削減を可能にし費用削減につなげることが得意です。このほかにも、機械学習を事業導入するメリットとして「人手で不安定だったアウトプットが平準化できる」「自動化によりレスポンスタイムを改善できる」といった、サービスクオリティの改善を通じた売上増も考えられます。

筆者はこれらに加えて「採用活動が不要になり、迅速な事業の拡大ができる」メリットがあると考えています。そのため、費用対効果を検討する際は、時間軸を考慮した事業拡大時の収益シミュレーションや、将来の人手不足、技術継承の問題を交えて「売上増」と「費用削減」を考えるとよいかもしれません。

機械学習案件をやろうとして頓挫する要因に、この1と2のプロセスを飛ばしてしまうことが挙げられます。多くの企業が機械学習案件をPoC（Proof of Concept；概念実証）[注1]段階で終えてしまうのは、費用対効果の検討をPoCが終わるまで放置していることが多いためです。

注1）PoCとは提案した内容が実際に正しく動くのかを検証するプロセスであり、次の「3. 現在取れているデータの収集と問題の定義」のプロセスにあたります。

第5章　失敗しないデータ分析組織の立ち上げ方

この1と2のプロセスについては、データ分析に理解のあるコンサルタントの参画が必要になってきます。多くの会社でデータ分析案件が頓挫する要因の1つには、業界分析や事業分析が正しくできるようなコンサルタント経験のある人材を雇用していないことが挙げられます。

3. 現在取れているデータの収集と問題の定義

1、2を通じて、どの箇所に機械学習を適用すると利益が改善するのかを特定してはじめて、データ分析を開始します。

まずは、社内のエンジニアの手を借りて、現在取れているデータの収集と確認をしましょう。データ収集の対象の例としては、本番データベースのバックアップやログデータがあります。データ量が膨大であれば一部の1週間分のログデータや、特定のユーザに関するデータのみにランダムサンプリングを行う、といったことが必要になります。ここでは、なるべく本番環境に影響を与えないデータ収集が望まれます。なぜなら、最初期のデータ収集の段階では、現場のエンジニアや情報システム担当者が非協力的であることが多く、成果が出るかどうかわからないデータ分析業務のために、本番環境に手を入れることを嫌うためです。

続いて、データサイエンティストを投入して、既存のデータにもとづいてデータ分析を行います。ここで分析手法の詳しい解説はしませんが、最初はランダムフォレストやロジスティック回帰といった簡単なアルゴリズムによって、精度が悪くてもいいので予測ができることを確かめます。画

像認識や音声認識のような複雑なタスクの場合、Amazon Rekognitionや、Bing Speech APIといった、オンラインサービスを利用するとよいでしょう。

また、本プロセスを通じて機械学習を利用しなくとも、簡単なパターンマッチや画像処理で問題が解決できるとわかるかもしれません。そのような場合には機械学習使わないという選択をすることが重要です。機械学習を含んだシステムは開発コストも運用コストは極めて高いため、機械学習を使わないで問題が解決できるのであれば、機械学習を使わない方がよいのです。

このプロセスでは「なるべく低コストで機械学習によって成果が出ること」を検証することが目的です。精度の改善や自動化についておおまかに工数を見積りますが、実装には多大なコストがかかるため正確な見積りは後回しにします。

加えて、何をインプットして何をアウトプットするのかを定義します。この定義がうまくいくと、機械学習部分（本稿ではこの機械学習部分を機械学習エンジンと呼びます）を周辺システムと切り離し、交換可能なモジュールとみなすことができます。これによって、システムのどこまでをデータ分析組織が作成するのか、どこまでをアプリケーションエンジニアが作成するのか、といった責任境界を明確化できます。これにより機械学習システムがクラッシュしたとしても、サービスに与える影響を最小に抑えることができます。また、機械学習エンジンを交換可能なモジュールにするということは、仕様が明確化され外注が可能になるということでもあります。

続いて、このままの精度でも利益が改善するのか、もっと精度を上げれば利益が改善するのかといった、機械学習の精度と売上の関係性をシミュレーションします。たとえば最初期のWeb広告は、訪問者に合わせて表示するバナーをランダムに変更するしくみでした。ここではちょっとした最適化が大きな収益に結びつくことがわかっています。このような案件があれば即座に機械学習を投入するべきでしょう。一方で、情報検索や機械翻訳などは業界が習熟しています。このような精度が業界1位でなければ採用されない勝者総取り型（Winner Takes All）の市場では、莫大な投資をしなければ既存プレーヤーに追い付けないため、撤退するという判断になるかもしれません。

このプロセスでは「何をインプットして、何をアウトプットするのか」という機械学習の問題について定義し、この問題を解くことで「機械学習の精度を改善すれば利益に結び付く」という状態を作り出すことができます。筆者はこれを「問題をKaggle[注2]に変換する」と呼んでいます。あやふやな問題が解けるコンサルタントの資質を持つデータサイエンティストは稀少ですが、Kaggleのようなコンテスト形式になっていれば解ける人はとても多いため、人材調達が容易になります。

4. 本番への試験投入

機械学習による事業の改善が確認できたら、このプロセスではそれを半手動で本番に投入して本番環境でも効果があることを確認します。これにより、次の2点を洗い出します。

- 機械学習の投入による事業インパクトの有無
- 機械学習システムの構築や運用に何が必要なのか

本番への試験投入には、アプリケーションエンジニアのサポートや、運用部門の協力、そしてそれを推し進めるマネージャが必要になってきます。この試験投入では、運用部門からしてみると「自分たちの業績評価に関係のない仕事が押しつけられた」と感じるため、他部署への根回しが不足していると、この段階で遅延したり頓挫したりすることがよくあります。このような問題を解決するには、現場レベルでの密接なコミュニケーションとマネージャによる積極的な利害調整が必要になります。筆者の場合、運用現場の隅に席を用意してもらい、そこで仕事をすることで信頼を獲得するという古典的な手法をよく使います。顔も合わせたことのない人からの指示と、隣で働いてる同僚からの依頼、人はどちらを優先するでしょうか。

試験投入が終了したら、データサイエンティストは試験結果の分析とレポートを行い、このあとの追加のシステム開発が見合うかどうかを判断します。

5. データ収集基盤の構築

社内に既存のデータ収集基盤が存在しない場合、ここではじめてデータ収集基盤を作ること

注2）企業などがデータセットとそれについての問題を投稿し、世界中のデータ分析者が最適モデルを競うコンペティションプラットホーム。

をお勧めします注3。すでにデータ収集基盤があるならこのプロセスはスキップしてください。

　機械学習のためのインフラを持つのはそれなりにコストがかかります。そのため、新たにデータ収集基盤を構築する場合、機械学習による成果が上がりはじめてからの方が、経営層は意思決定がしやすくなります。

　データ収集基盤の構築は、マネージドサービスであればAmazon　RedshiftやAmazon Athena、Google BigQuery、Arm Treasure Dataなどを活用するとよいでしょう。このプロセスには、大規模な分散システムについて理解のあるクラウドエンジニアやデータインフラの人材の投入が必要です。

　データ収集基盤の構築により、各種データを一元化してデータ分析ができるようになります。これにより、次のような利点が見込めます。

- データの信頼性の向上
- ワークフローの整備
- データ収集にかかる時間の大幅な削減

　機械学習はあくまでも道具なので、使えないデータが入力されたら、使えない結果しか出力しません。ただ闇雲にデータをかき集めても、その大半がデータ分析業務に使えません。したがって、蓄積するデータを決定するのは、データサイエンティストによってどのようなデータを使って機械学習サービス開発を行うかの方針

注3）大企業の場合は、先にデータ収集基盤を構築することをお勧めします。なぜなら、データ収集基盤を先に構築することで「使えるようになるまで追加投資する」というコンコルド効果が発生し、データ分析事業が政治的に推進されることが多いためです。

を決めたあとでも遅くないのです。

　筆者が遭遇した実例としては、ログデータが正規化されており、過去のデータの分析ができなかったというものがあります。たとえば、購買ログに購買日時と顧客ID、商品IDが入っていたとしましょう。この購買ログを分析するためには顧客テーブルと商品テーブルの結合が必要です。

　この分析は、直近数ヶ月分であれば大きな問題は起きませんが、長期的な分析を行おうとすると問題が出てきます。5年前のログデータを分析するために顧客テーブルと結合すると、**5年前の購買ログが現在の顧客の状態と結合**されてしまいます。職業や住所、配偶者の有無といった顧客テーブル上の情報は、この5年で大きく変化している可能性があります。そのため、どのような性質の顧客がその商品を買ったのかを調査することが難しくなります。同じように商品についても、商品の説明文を定期的に書き換えていたとしたら、どのような説明文が有効だったのかという分析はできません。したがって、正規化されたログデータは、過去の分析には使えないのです。

　アプリケーションエンジニアにとって正規化は不整合を起こさないための良い手段ですが、データサイエンティストにとっては正規化は悪夢につながるのです。そのため、ログデータを保存する際には、非正規化して保存することや、顧客テーブルや商品マスタの変更履歴の保存や、定期的なスナップショットの作成が必要になってきます。

　このほかにも、ウェブ広告をクリックしたログは保存していたが、表示したログは保存してい

なかったという事例もありました。その会社では、広告主への請求に必要なのは広告クリックログのみであったため、データベース容量を節約するために広告を表示したログを捨てていました。そのため、ポジティブデータ（広告クリック）のみで、ネガティブデータ（広告を表示したがクリックされなかった）が存在しないため機械学習による最適化を行うことができませんでした。

このように、データサイエンティストが介在しない状態でのログ収集は、得てして上記のような事故を引き起こすのです。一方で、データサイエンティストによるログ収集やインフラ設計はバグの温床であるため、データサイエンティストはデータ収集の方針と設計を行い、実装はアプリケーションエンジニアやデータインフラエンジニアに任せることが重要です。

6. 機械学習のチューニング

データ収集基盤を活用し、本番環境のログデータやスナップショットデータから、バックテストを行います。バックテストとは蓄積されたログデータをもとに、過去のある時点における予測器の性能を評価する試験です。たとえば、今日のデータを使って翌日の状況を予測するという機械学習システムを考えてみましょう。このシステムに普遍性があるかどうかを調べるためには、過去のデータを利用して次のような予測を行います。

● 一昨日のデータを使って昨日の状況を予測する
● 3日前のデータを使って一昨日の状況を予測する
　　……

● 100日前のデータを使って99日前のデータを予測する

これにより、過去においても予測が正しく動いているようであれば、その機械学習システムは偶然ではなく普遍性があり有用であるといえます。

バックテストを通じて、入力されるデータの特徴量のチューニングや前処理方法の変更、機械学習アルゴリズムそのものの見直しなどをしていきます。バックテストやチューニングに際して、データパイプラインの整備や中間データのためのテーブル整備、前処理のバッチ化などが必要になってきます。

このプロセスでは、効率的な機械学習インフラを構築できるデータインフラ人材と高度な分析が行えるデータサイエンティストが必要です。データインフラの人材は、データ量やアルゴリズムによってどのようなインフラが最適かを検討し、データパイプラインの整備をデータサイエンティストと協力して行っていきます。また、ここで必要になるデータサイエンティストのスキルは、Kaggleなどのデータ分析コンペで測ることができるものと同等です。そのため、データ分析コンペの入賞経験や論文発表経験をもとにしたデータサイエンティストの採用が有効です。

7. 運用のための 各種システム構築

ここまでのプロセスで機械学習のコアシステムができたからといって、それによって即座に事業投入できるわけではありません。安定的にサービスを提供するためには、たとえば次のよ

うな周辺システムが必要です。

- BIシステムを利用した機械学習の精度のモニタリング
- A/Bテストのしくみ
- 機械学習エンジンが異常停止した場合にフォールバックするしくみ
- 負荷試験環境の構築

　要求されるサービスレベルによって、本番投入前にこれらのシステムを構築する必要があります。サービスレベルが低いのであれば本番投入しながら随時開発していくことになります。

　新しい機械学習ロジックを投入する場合、全体の10%のユーザに提供して、既存ロジックよりも精度が良ければ採用、悪ければ棄却といったA/Bテスト環境があると、データサイエンティストは気軽に新しいロジックを試せるようになり、改善サイクルがよく回るようになります。A/Bテストは経験・勘・度胸の世界を、試行錯誤による学習の世界に変えてくれます。

　ECサイトであれば、商品レコメンドエンジンが落ちたらレコメンド商品欄が空っぽになるというのは避けたいものです。このような場合は、次のようなフォールバックのしくみを構築する必要があります。

- レコメンドエンジンが落ちたら、レコメンド商品欄に売上ランキングを表示する
- 売上ランキングのシステムが落ちていたら、新着商品を出す
- 新着商品が取得できなければ、プログラムにハードコードされた商品を提示する

　このプロセスでは、システム運用に理解のあるデータサイエンティストや機械学習や統計に理解のあるアプリケーションエンジニアが必要です。

8. 本番投入

　上記のプロセスがひととおりできて、はじめて機械学習システムのサービスインが可能です。しかし、機械学習システムは本番投入したらゴールではありません。本番環境から得られたデータをもとに継続的に学習するしくみやサービスが変化した場合のデータ形式への対応、A/Bテストを通じた新しい機械学習モデルの運用なども必要です。本番投入にあたり、データサイエンティストやアプリケーションエンジニアの協力はもちろん、エグゼクティブのサポートが必要になってくるケースが多々あります。機械学習を用いたシステムを本番投入する場合、運用中のサービスのさまざまな個所に影響があるので、エンジニアからの反発を生むことがよくあります。エンジニアからしてみると、機械学習がサービスの中に組み込まれるというのは確率的に動作するモジュールを組み込むことになるため、テストが非常にしにくくなります。また、プログラムの異常な挙動はソースコードの中に原因が現れますが、機械学習システムの異常を発見するには機械学習モデルの分析が必要になり、原因の究明が難しくなります。

　そのため、サービスに対する運用責任を持つエンジニアからしてみると、機械学習システムの導入は避けたいものです。ここで丁寧な説明が必要になるのですが、それでも納得してもらえな

い場合もあります。そこで重要になるのが、エグゼクティブの振る舞いです。エグゼクティブはエンジニア達に対する説明と、会社として機械学習システムを含むシステムの運用を遂行するという宣言をする必要があります。

たとえば、エグゼクティブがプレスリリースを打つことにより、社内に「これから機械学習を行っていく」という宣言ができます。多くの会社が機械学習に関するプレスリリースを行っていますが、半分は社外に対する広報活動、もう半分は社内に対する宣言として機能します。エグゼクティブが方針を示すことにより、社内の業績評価の中に機械学習システムの本番投入などが含まれることになり、業務として正しく協力が得られるようになります。

本節のまとめ

本節では自社サービスにおいて機械学習システムを導入する場合の一般的な流れを紹介しました。

機械学習を含んだシステムの開発には、極めて高いコストがかかります。したがって、重要な問題に絞って機械学習を適用し、効果を確認しながら段階的に進捗していくことが重要

です。本節で示した一連のプロセスにしたがって機械学習システムを開発していくことにより、過大投資のリスクを減らし、費用対効果の問題に関する頓挫を回避できると思います。

データ分析組織の立ち上げを考えるのであれば、上記のプロセスに登場する順番で人員を拡充するとよいでしょう。各プロセスと必要な人材を表1に示します。

すなわち、「コンサルタント」→「データサイエンティスト」→「アプリケーションエンジニア」→「データインフラエンジニア」の順番にデータ分析組織を拡充していくと、このプロセスが自然と回るようになります。

一方で、人員を拡充する順番を誤ると、データインフラが先にできて、あとからデータサイエンティストが入ってきて、蓄積されていたデータが使えなくて頭を抱えるといった事態が発生します。

次節ではこういったデータ分析組織の組成失敗事例について紹介します。

また本節では会社の壁がないことを前提にしています。顧客や子会社といった複数の組織をまたぐ場合、各プロセスが会社の壁によって分断されており、データ分析組織の立ち上げは非常に困難です。こちらについては、コラム「メンバーシップ型雇用と分社化」で解説します。

◆ 表1　各プロセスと必要な人材

	コンサルタント	データサイエンティスト	アプリケーションエンジニア	データインフラエンジニア
1. 自社の事業分析	○			
2. 改善箇所の特定と費用対効果の検討	○			
3. 現在取れているデータの収集と問題の定義	○	○	○	
4. 本番への試験投入		○	○	
5. データ収集基盤の構築		○		○
6. 機械学習のチューニング		○		○
7. 運用のための各種システム構築		○	○	○
8. 本番投入			○	○

5-2 データ分析組織の組成失敗事例
データサイエンティストの役割を理解する

本節では、前節で解説した業務プロセスに収まらない組織という観点からの失敗事例について、筆者が実際に体験した事例や、見聞きした事例について紹介します。

「高学歴」で雇用してしまう失敗

よくあるデータ分析組織の組成失敗例としては、データサイエンティストをアカデミックでの業績を基準に雇用してしまうことが挙げられます。そして、データサイエンティストが話す言葉を理解できず放置してしまい、「事業につながらない分析を延々と行う」、「最新論文の解説や検証を行っているだけ」といったことが発生します。その結果、データ分析組織が解散してしまうといったケースが散見されます。

この問題は、サイエンスにおける価値（新規性）とビジネスにおける価値（利益増）の混同を正す人が存在しないと発生します。ビジネスにおいては同じ利益に結び付くのであれば難しい手法よりも、簡単な手法の方が価値があります。これは、簡単な手法の方が将来のメンテナンスコストに優れているからです。**表2**でこれを示します。

そのため、ビジネス価値を理解し、かつアカデミック経験のあるマネージャや顧問を置くことで、この問題は解決できる可能性があります。

◆ 表2　手法レベルと利益の関係

	利益に結び付く	利益に結びつかない
簡単な手法	◎	△
難しい手法	○	×

「業務改善」で雇用してしまう失敗

上記と同じような失敗例に、「データサイエンティスト=事業改善できる人」という認識から、アナリストを雇用することが挙げられます。アナリストは統計を用いてKPIから事業を改善することはできますが、機械学習が得意というわけではありません。そのため、直近の業務改善には効果を発揮しますが、将来的に機械学習を用いたサービスを開発することが難しくなります。この対策としては、アナリストとデータサイエンティストのロールを正しく理解し、それぞれの肩書を正しく与えることにあります。

レポーティングに時間を費やしてしまう失敗

データ分析組織が手っ取り早く事業貢献しようとし、単なる営業サポートになってしまうケー

スが多々あります。データサイエンティストは SQLによるデータベース操作やプログラミングができることが多いため、営業からレポート出力を依頼されることが増え、レポートに多くの時間を費やしてしまいます。人から頼られることはとても気分のいいことなので、つい行ってしまいますが、その都度レポートを出力していては本質的な業務を行う十分な時間を確保できません。

この対策としてはBI環境の整備が挙げられます。たとえばデータ収集基盤にRedashなどのBIツールを接続することにより、各種レポートの出力を自動化できるようになります。たとえば、リブセンス社ではRedash環境を整備し、営業職にまでSQLを普及させることにより、営業職が自らSQLを活用して集計を行う環境を構築し、この問題を解決しています[注4]。

エンジニアとデータサイエンティストの対立による失敗

エンジニアとデータサイエンティストは、両方とも数字を取り扱い、プログラミングを行うため、

[注4] 営業さんまで、社員全員がSQLを使う「越境型組織」ができるまでの3＋1のポイント、｜リブセンス
https://www.slideshare.net/livesense/150225-sql-foreveryone-45695818

共通点が多いと思われる方が多いのではないでしょうか。しかし実際には各々のメンタルモデルは大きく異なり、これが対立として現れてきます。表3で示してみます。こういったメンタルモデルにもとづく対立の結果、データサイエンティストの書くコードの品質がサービスレベルに達しないことなどを理由にして、エンジニアが機械学習システムの導入を拒むということがよくあります。この問題の解決のためには、次のようなアプローチが有効です。

- 機械学習システムを別プロセスにし、機械学習システムが落ちてもサービスに影響しないようにアーキテクチャを設計する
- データサイエンティストとエンジニアがペアプログラミングを行い、データサイエンティストのプログラミングスキルを引き上げる
- エグゼクティブやエンジニアのリーダーによるメンタルモデルの違いの周知

データ収集基盤が整備されていないことによる失敗

すでに社内には複数のサービスが稼働しており、データは各所にあるが、データ収集基盤

◆ 表3　データサイエンティストとエンジニアのメンタルモデル

	データサイエンティストのメンタルモデル	エンジニアのメンタルモデル
仕事のスタイル	確率、実験、やってみないとわからない	抜けもれなく、バグがなく、QCD（Quality, Cost, Delivery）
ビジネスの考え方	確率をベースにビジネスを考える	完璧をベースにビジネスを考える
主に利用するプログラミング言語	PythonやRといったデータ分析が行いやすい言語を好む	RubyやJavaScript、Javaなどのサービス開発が行いやすい言語を好む
コードの管理面	JupyterやRStudioなどで実験コードを書き捨て	単体テスト、結合テストをCIで回す
仕事の管理方法	数値で計測することが仕事の一部だが、仕事自体を数値で計測できることが少ない（試行錯誤を繰り返すので、どの品質のものがどれくらいでできるか分からない）	仕事自体を数値でできることが多い（バグの量、納期、品質、ダウンタイム、サーバコストなど）

がないため、**各々のサービスにログインして
データを手動で収集しなくてはいけない**、といっ
た事例がよくあります。ECやゲームなどの新し
い会社ではよいのですが、古くからIT化を進め
ている金融・製造・建設などの分野では、歴史
的経緯や政治的問題でこのような問題がよく発
生します。データ分析をしたいのに、データ収
集に時間をかけていては本末転倒なのです。

　筆者の場合、製造業の工場でこのような事
例にぶつかりました。工場内に何台もある製造
装置のログデータの分析を行いたいのです
が、製造装置はネットワーク接続されておらず、
クリーンルームの中にありました。最終的には無
塵衣を着てクリーンルームの中に入り、外部
ハードディスクに数百GBのログデータを引き上
げながら、製造プロセスを観察し、現場でデー
タ分析を行っていました。このデータの引き上
げには数日かかりました（工場側としては、ログ
データから製造量や歩留まりが分かるため、
ネットワーク接続の提案を拒んでいました）。

データ分析基盤が
ないことによる失敗

　データは蓄積されているものの、データ分析
のための基盤（データインフラ）が存在しないた
め、うまくデータ分析業務が行えないというケー
スがあります。データ分析業務＝データサイエ
ンティストという浅い理解によって人材配置が
行われ、データインフラがない状態でデータサ
イエンティストが投入されるのが原因です。

　データサイエンティストはデータ分析の専門
家ですが、分散システムやインフラの専門家で
はありません。しかし、データ分析には多くの
コンピューティングリソース、たとえばApache
HadoopやApache Sparkのクラスタが必要に
なってきます。これには、データインフラを構築
できる人材が必要なのです。

　データインフラ人材が不在の場合、分散環
境を構築するのではなく、64コア256GBメモリ
といった大きいサーバを借りてしまうことで、一
時的にこの問題を解消できます。このサーバ上
にRedash、Jupyter、RStudio Serverといっ
たサーバサイドで動くデータ分析環境を構築
し、各種ログデータをこのサーバに一元化する
ことにより、データサイエンティストは気軽にデー
タ分析を行えるようになります。

　このアプローチはデータ量が小さいうちは機
能しますが、データ量が増えてくると早晩破綻
します。それまでにデータインフラ人材を採用
し、大規模なデータ分析環境を整える必要が
あります。

データインフラだけ投資して
失敗

　大企業にありがちな失敗事例として、データ
収集基盤に集中的に投資を行い、とりあえず
データを集めはじめるということが挙げられます。
データ収集基盤に対する投資は、金額が大きく、
データ量というわかりやすい成果が得られるた
め、最終的にどのような分析が行いたいか、と
いう観点が不在のまま行われる傾向があります。

　このようなケースでは、事業分析もあまり行わ
れておらず、データサイエンティスト不在でデー
タが収集されるため、活用するのが難しいデー

タだけが大量にデータベースに貯まるということになりがちです。ここにあとからデータサイエンティストが入ってきても、使えるデータがほとんどなく途方に暮れてしまうのです。

この問題に対する解決方法としては、コンサルタントとデータサイエンティストを投入し、改善アプローチから逆算してデータ収集を構築し直す必要があります。

本節のまとめ

データ分析組織というのは比較的新しい組織形態であり、データ分析業務はR&Dから本番投入、運用までに渡る幅広い業務プロセスにまたがります。そのため、どのように運用すればいいか分かっている人が少なく、投資が不十分であったり、分かりやすい特定の部分にのみ投資が集中して失敗するケースが多いです。

これらの失敗を回避するには、データ分析ビジネスが分かっている人をマネージャや顧問に配置し、スモールスタートで少しずつ組織を大きくしていくことが重要だと考えます。ここまでは、社内で運用しているサービスに機械学習システムを組み込む場合のデータ分析組織の立ち上げについて解説してきました。次節では機械学習システムを請け負う場合についてのSI企業で発生する問題について解説します。

5-3 SI企業におけるデータ分析組織の立ち上げ
機械学習システムを受注するときに考えるべきこと

本節では、SI企業における他社の機械学習システムを受注する場合のチーム組成の問題について紹介します。本節はSI企業のマネージャを想定した内容ですが、機械学習システムを内製開発する場合でも参考になる点が多いはずです。また、本節の内容は筆者がサポートしているSI企業の方とともに検討した内容をもとにしています。

SI企業とデータ分析組織の相性が良い点

5.1節で解説したように、機械学習をビジネスに組み込むためには表4のようなプロセスが必要となります。ここで○、×、△は、SI企業がこれまでに行っている業務内容かどうかを示しています。

表を見ればわかるように、×がついている（業務経験がない）箇所は少ないといえます。シス

◆ 表4　各プロセスとSI企業の業務経験

業務内容	業務経験があるかどうか
1. 顧客の事業分析	○
2. 改善箇所の特定と費用対効果の検討	×
3. 現在取れているデータの収集と問題の定義	△
4. 本番への試験投入	△
5. データ収集基盤の構築	○
6. 機械学習のチューニング	×
7. 運用のための各種システム構築	○
8. 本番投入	△

テム開発を生業にしている企業であれば、機械学習システムを顧客に提供するときに必要なさまざまな周辺技術はすでに持っているからです。したがって、このプロセスの足りない箇所を補っていけば、SI企業であってもデータ分析組織を立ち上げることは難しくないと考えます。

たとえば、顧客の事業分析から機械学習によって事業改善する箇所を特定するプロセスについては、外部のコンサルタントを連れてきてもよいでしょう。

またモデルの学習と予測検証については、インプットとアウトプットを明確にすることで、機械学習部分の精度向上については機械学習を専門とするベンチャー企業に委託できるようになります。つまり、機械学習エンジンに対するデータのインプットとアウトプットを正しく定義しさえできれば、足りない機能や人材は外部から補うことができるわけです。また、データのインプットとアウトプットを規定するのはSI企業の本流の仕事です。データのETL（Extract Transform Load；データの抽出と変換、加工）はSIのメインの仕事であり、不足している機能を外部から補うことができれば、機械学習とSI企業は相性がよいのです。

SI企業とデータ分析組織の相性が悪い点

一方で、データ分析の業務プロセスとは別の観点からみてみると、SI企業の仕事の回し方とデータ分析には相性が悪い箇所があります。主に人事制度と契約、保守管理の部分に表れてきますので、これ以降でみていきます。あわせて、SI企業の顧客がデータ分析や機械学習に対して無理解であり、それに対して適切な商品ラインナップが構築できていないという課題も抱えています。

SI企業の「人事制度、組織構造」

SI企業の多くでは、メンバーシップ型雇用が行われています。メンバーシップ型雇用の詳細については、後述のコラムで紹介します。

一般に、メンバーシップ型雇用では、役職と給与が紐づいており、市場価値や業務内容と給与が結びついていません。そのため、市場価値が高いデータサイエンティストの雇用が難しく、十分な人数を確保できないという課題があります。また、メンバーシップ型雇用の会社では、業務プロセスごとの分社化されているケースが多く、親会社に所属するデータサイエンティストが子会社や孫会社が行っている運用現場のデータに触れることが難しいといった問題が発生します。

したがって、柔軟な人事給与制度の策定や外部人材のスポット雇用体制が、SI企業におけるデータ分析の競争力の源泉となってくることが予想されます。

機械学習システムと「契約」

SI企業が機械学習システムを請け負う場合、「一定の精度を超えたら検収」という契約がよくあります。この契約は分かりやすい反面、双方にとってリスクになり得ます。

まず機械学習の精度は、チューニングして追い込んでいったときにどれくらいまで上がるのか予測ができないという問題をはらんでいます。そのため、契約段階で目標の精度に到達できるか分からないという検収リスクが存在します。一方、目標とする精度を超えたら、それ以後は精度改善するインセンティブがSI企業側にないため、精度向上がストップしてしまいます。これでは、顧客企業に競争力を与えることができません。

このような問題を解決するには、精度に応じて追加ボーナスを支払う契約やレベニューシェアといった、双方がWin-Winになる従来のSI企業があまり行っていない契約を結ぶ必要があります。したがって、法務部や経理部の協力による契約の結び方が、SI企業における機械学習システムの販売における競争力の一部となっています。

運用部門による「保守管理」

SI企業の収益は、システム開発だけでなくシステムの保守管理からも得ています。現在のシステムの保守管理は、どのようにシステムの安定率を高め、運用コストを落とすのかに注力しています。

機械学習を含んだシステムは、入力データの変化やトレンドの移り変わりにともなう精度劣化を回避できません。つまり機械学習を含んだシステムは再学習を行わない限り「勝手に壊れて

いく」のです。機械学習システムの精度や速度を維持していくためには、入力データの可視化や目視確認、統計分析などを通じて、どのような箇所が精度劣化を引き起こしているのか分析し、継続的に学習を行い、システムの維持に努める必要があります。

そのため、機械学習システムの保守管理には、従来のSI企業の保守部門が持っているスキルセットに加え、機械学習に対する基礎教養が必要になってきます。これにより、SI企業は自社の保守部門では機械学習システムの保守管理が難しいと判断し、機械学習案件に対して躊躇してしまっています。したがって、現在は機械学習を専業にしているベンチャー企業等に保守管理を委託することが多いですが、将来的には機械学習に強い保守部門を構築することが求められるでしょう。

他方で、昨今の大学における研究では、従来の研究に対して機械学習を適用する機会が増え、機械学習を道具として使える大学生が増えています。この傾向は今後しばらく続くでしょう。そのため、そういった人材の受け皿として機械学習保守という新しい産業が生まれるのではないかと考えています。データサイエンティストになりたい人のキャリアパスの第一歩として、機械学習保守という分野が有効になる日も近いのではないでしょうか。つまり、機械学習保守をいちはやく事業化できたSI企業が、競争力を獲得するだろうと考えます。

顧客の理解レベルによる「販売商品のラインナップ」

現在のSI企業がうまく機械学習案件を捌け

ない理由の1つに、「AIを売ってください」という雑なオーダーがSI企業に投げられているということが挙げられます。これは、コンサルティングファームに発注できるだけのお金がない企業が、本来であればコンサルティングファームを投入するべき問題に対して、SI企業を当てにしているために発生しています。

SI企業としては顧客から依頼された機械学習案件をこなすしかありません。しかし、コンサルティングが入っていない状態では、それがどのように収益に結びつくのかがあいまいなまま開発が行われてしまいます。そして、開発が終わってから費用対効果の検討や事業展開の検討が行われ、PoCが終わった段階で案件が途絶えてしまうという問題が頻発しています。これがいわゆる「PoC貧乏」です。これを解決するには、SI企業が内部にコンサルティング部門を抱えるか、フリーのコンサルタントとの契約が必要です。

このような理解度の浅い顧客に対してはデータ収集基盤とBIシステムを販売するのがお勧めです。顧客内にデータに関する素養が

ない限り、複雑な機械学習システムを導入してもまともに使いこなせず案件が終了してしまいます。まずは、顧客レベルにあったBIシステムからまず導入して、顧客のスキルレベルを少しずつ改善していくことが必要です。**表5**は、筆者による企業のデータ分析に対する理解度の大よその分類と、顧客をレベルアップさせるための商材を示したものです。現在のSI企業の多くは、特定の製品に対して、特定の営業職を当てて営業活動を行うため、顧客レベルに合わせた適切な商品を販売することが困難になっています。これがプロジェクトが炎上する温床です。こういった対応表を営業職に持たせ、顧客レベルにあわせた適切な商材を販売することで、炎上を回避し、継続的に案件を受注できるようになります。

本節のまとめ

本節ではSI企業が機械学習システムを請け負う場合、次の4つが課題になることを述べました。

◆ 表5　顧客レベルと販売商材

顧客レベル	顧客の状態	次に販売するべきもの
Lv0	・各環境にあるシステムにログインしてデータを取得できる	データ収集基盤、簡易BI環境の販売
Lv1	・データ収集基盤にデータが蓄積されている ・SQLなどによる基礎統計ができている ・統計などからインサイトが得られる	探索的データ分析ができるBI環境の販売、SQLなどのトレーニング
Lv2	・基礎統計が充実し、BIツールによるダッシュボードが整備できている ・ピボットテーブルなどによる探索的な手動データ分析ができる ・手動データマイニングから施策を立案できる、手動で実行できる	データ分析代行、データサイエンティストの派遣
Lv3	・機械学習アルゴリズムを利用した探索的データ分析ができる ・A/Bテストなどを利用した、データにもとづく意思決定ができる	機械学習システムの開発、安定運用のためのしくみの提供
Lv4	・機械学習などを利用して、自動的に施策実行される環境を構築できる ・機械学習により安定的に稼ぐしくみが作れる	ディープラーニング環境のためのインフラの提供
Lv5	Lv4で作ったシステムで使われている機械学習アルゴリズムをより高度なもの（たとえばディープラーニングなど）に置き換えていき、収益性を改善する	―

- 人事制度、組織構造
- 契約
- 保守管理
- 商品ラインナップ

同時に、SI企業に発注する場合にこれらの点をみることで、SI企業が機械学習案件にどのように取り組んでいるかを測る指標にもなり得ます。自社システムの開発を行うにあたっても、「人事制度」「契約」「保守管理」はついて回る問題ですので、本節の内容を参考にしてください。

おわりに

本章では筆者の体験や現在の業務を通じて、業務におけるデータ分析プロセスにおいて、どのような順序で人員を拡充しデータ分析組織を立ち上げていけばいいのか紹介しました。

本章で紹介した内容は、基本的に筆者が行うコンサルティング業務や顧問業務におけるアプローチをベースとしています。そのため、筆者1人のマンパワーで相手の会社を動かすことを念頭においた方法です。

これはすなわち、解く課題を素早く見つけ、低コストで検証を行い、本番に投入して効果確認を行い、そのあとで追加投資を行う、という流れです。このアプローチは必ずしもすべての会社に適用できるわけではありませんが、多くの会社で参考にできると考えています。本章で紹介した内容がみなさんの役に立てば幸いです。

Column　メンバーシップ型雇用とデータ分析組織の相性

多くの日本企業では、メンバーシップ型雇用と呼ばれる雇用形態が採用されています。社員は「仕事に従事している」のではなく、「会社に所属している」という考えにもとづいた雇用形態です。そのため、メンバーシップ型雇用の会社では、スキルを持たない新卒の一括採用や、社内人事による部署異動が行われます。給与は業務内容ではなく、勤続年数や役職によって決定されます。したがって、メンバーシップ型雇用には「同一役職（年次）・同一賃金」という性質があります。日本企業の多くはこの雇用方針をとっています。

このため、メンバーシップ型雇用では、稀少性の高いスキルを持つ市場価値の高い人材に高い給与を支払うことができません。よって、近年需要が拡大しているデータ分析や機械学習のスキルを持つ人材は、新卒であっても高い給与で外資系企業に雇用されるケースが相次いでいます。これは同時に、一般職、総合職、専門職といった大雑把な括りによる新卒一括採用を行っている企業では、データサイエンティストのような稀少性の高いスキルを持つ新卒の雇用が難しくなってきていることを示します。

中途採用であっても「年収1200万は、部長の給与よりも高いので雇用できない」といったケースもよく耳にします。メンバーシップ型雇用の「同一役職・同一賃金」の人事制度では、市場価値が高いデータサイエンティストを雇用することが極めて難しいのです。筆者が実際に聞いた話では「会社が合併されて、新しい企業の給与体系になったが、従来の年収である1200万を支払うこ

とは人事制度上難しいので、会社を辞めて個人事業主となってその会社から仕事をもらっている」という事例もあります。

これとは別に欧米企業を中心としたジョブディスクリプション型雇用という雇用形態もあります。こちらでは、社員は「職務記述書に記載されている仕事内容を行う」という考えにもとづいています。職務記述書に記載された内容が実行できるかどうかで雇用が決定され、職務記述書にもとづき給与が決定されるしくみです。したがって、ジョブディスクリプション型雇用には「同一労働・同一賃金」という性質があります。

日本企業ではメンバーシップ型雇用が行われていることが多く、そのためスキルを持たない新卒が会社に所属することが比較的容易です。しかしこの弊害として、各々の能力に合わせた給与を設定することが難しいという問題があります。仕事内容が簡易な人や、仕事に対して必要な能力が足りない人に対して多額の給与が支払われることがあるのです。そのため、「同一会社・同一役職・同一賃金」を維持しつつ能力に合わせた給与格差を設定するために、次のように会社が分割されることがあります。

- 本社＋研究所
- 企画管理会社
- 開発会社
- 運用保守管理会社

このように開発プロセスごとに垂直分割することで、末端の開発会社や運用保守管理会社の給与を低く抑えることができるのです。

これは大企業ではありがちな会社分割パターンでしたが、一方で、このような会社分割が時代にそぐわなくなってきました。成果物の定義が分かりやすく、作れば売れる時代は垂直分割でよかったのですが、現代では最終成果物の定義があいまいになってきており、作りながら成果物の定義を変更していくような、リーンスタートアップといった手法が登場してきたり、開発と保守を技術的に垂直統合させる DevOps といった考え方も生まれてきています。

データ分析は、運用で生まれたログデータと、研究開発で生まれたデータ分析技術をどのように本番環境に投入できるかを検討し、システム実装を行い、予測のモニタリングやモデルの精度劣化を監視することになります。そして、開発や保守に携わる人材についても、データサイエンスの素養が必要です。すなわち、データ分析についても、研究・開発・保守の垂直統合が必要になってきているのです。

会社によっては、学会で発表された最先端の手法を、発表直後に再実装を行い検証し、半年後には本番サービスに統合して、運用保守しているところもあります。このような体制を構築するには、メンバーシップ型雇用にもとづく垂直分割企業では、会社の壁を越えて事業を回さなければならないため、多大な時間と労力かかります。

データ分析業務は、研究開発から運用までを一気通貫した改善プロセスであるため、機能ごとに分社化されている組織形態ではうまく働きません。このようなケースでは、事業を別会社に切り出したり、データサイエンティストを運用の子会社に転籍させる、といったことが必要になってくるでしょう。

第 **6** 章

データ分析のはじめ方

探索的分析で組織のKPIを見つけよう

《著者プロフィール》
伊藤徹郎(いとう　てつろう)
Classi株式会社　AI室　データサイエンティスト
大学卒業後、大手金融関連企業にて営業、
データベースマーケティングに従事。その後、
コンサル・事業会社の双方の立場から、さま
ざまなデータ分析やサービスグロースに携わ
る。現在は、国内最大級の学習支援プラット
フォームを提供するEdTech企業「Classi(ク
ラッシー)」のAI室で、データサイエンティス
トとして活動。Learning Analytics と Artificial
Intelligence の探求をしている。
Twitter：@tetsuroito

本章では、データサイエンスのはじめ方について紹介してい
きます。筆者はもともと営業からキャリアをスタートしていま
すが、データの持つ重要性を感じ、分析コンサルや事業会
社でデータを用いながら開発やグロースハックなどの業務を
行ってきました。業種や組織によってデータ分析者に求める
ものは異なりますが、データ分析をどこからはじめればいい
のか悩んでいる方にとって参考になると思いますので、本章
ではデータ分析のスタート地点を解説していきます。

6-1　データ分析再入門

6-2　データの入手と問題設定

6-3　探索的データ分析入門

6-4　KPIの設計とモニタリング

6-1 データ分析再入門
データ分析の手順をひとめぐり

データ分析のトレンド

毎日のようにWebニュースや新聞で「人工知能」、「機械学習」、「データサイエンティスト」などのワードを目にするようになりました。筆者もデータ分析業界に2010年ごろから足を踏み入れていますが、近年のブームとも呼べる状況を喜ばしく思いつつ、同時に過去の「ビッグデータ」のようなブームの二の舞になるのではと憂慮しています。

ここでGoogleが提供しているGoogle Trendsで次のワードの推移を見てみます（図1）。

- データサイエンス
- データ分析
- 人工知能
- 機械学習

「人工知能」は2015年ごろから急激に上昇しています。これは人工知能が画像認識タスクで人間の精度を超えるようになったり、AlphaGoが囲碁でプロ棋士に勝ったりしたことで、大きな注目を集めたことが要因でしょう。人工知能を実現する手段としての「機械学習」や「データサイエンス」というワードが、それに引きづられるように上昇トレンドにあることがわかりま

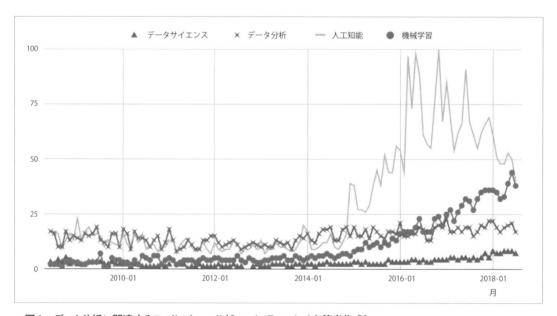

◆図1　データ分析に関連するワードのトレンド（Google Trendsより筆者作成）

す。これらに共通するキーワードは「データ分析」です。このワードは過去から現在にわたって普遍的なトレンドを示していますね。

筆者の記憶では、「ビッグデータ」や「データマイニング」、「One-to-Oneマーケティング（CRM）」といったワードも盛り上がっていました。要するに、短期的な視点で見れば、移り変わっていくこれらのワードはブームのように見えるかもしれませんが、**データ分析の普遍的な需要**を示しているといえるのではないでしょうか。

データ分析を料理にたとえると

データ分析に取り組んだことがない方はイメージしにくいかもしれません。たとえば料理の手順をイメージしてみましょう。**表1**は料理とデータ分析の手順を対比しています。次からは、この表をもとにデータ分析について解説していきます。

◆ 表1　料理とデータ分析の手順

手順	料理	データ分析
1	食材の確認	データの確認
2	食材の調達	データの入手
3	食材の整形	データの前処理
4	食材の調理（加熱など）	統計処理や機械学習など
5	盛り付け	可視化やレポート

食材の確認と調達

まず、手順1と2です。料理を作るときは、作りたい料理に対して食材が揃っているかどうかを確認する必要があります。足りない食材があれば、スーパーに買いに行くなどの対応が必要でしょう。それと同じように、データ分析をするときも、必要な分析に対して適切なデータが揃っているかを確認します。データがなければ分析はできません。やりたい分析に対してデータが不足していれば、それらを取得するための対応が必要となります。

食材の整形

続いて手順3です。必要な食材が揃ったら、食材を切るなどの整形が必要です。次の調理工程につながるように先を見据えて形を整える作業は理解しやすいと思います。同様に、データ分析の場合でも、必要なデータを取得したら、分析工程に向けてデータの前処理をします。この作業は非常に重要で、一説によればデータ分析の8～9割の時間をこの前処理に要するとも言われます。

なぜこんなにも時間が必要になるのでしょうか。それはデータをとにかく貯めていけば価値が出せると思われていた時代があったからです。筆者はこれをビッグデータブームの負債と呼んでいます。つまり、前処理に時間が必要になるのは、データの活用をそれほど重要視せずに、とにかく貯めれば良いという方針が原因といえます。データがきちんとしたフォーマットで整形されていない場合には前処理に時間とコストがかかります。また、仮にデータが整理されていたとしても、欠損値や重複レコードの処理など、前処理にそれなりの時間は必要です。料理でいえば、何かに使えるだろうとたくさんの食材を買い込んで保存しているような状態ですね。大量の食材の中から、どれをどの部分から料理するかを整理するのに時間がかかることは想像に難くありません。今からデータを取得する場合は、あとの工程に配慮した設計をお勧めします。

第6章　データ分析のはじめ方

食材の調理

　さて、前処理が終わったらいよいよ醍醐味である食材の調理です。手順では4に入ります。ここでは煮るも焼くも自由に腕をふるえるでしょう。さまざまな味付けや技法など、調理技術をふんだんに取り入れた料理は、素材の良さを最大限に引き出してくれるでしょう。データ分析も前処理が終わるといよいよ醍醐味である分析に進みます。さまざまな統計処理技術を用いることをはじめ、機械学習や多変量解析などのアルゴリズム計算など、身につけた技法をふんだんに使いましょう。

盛り付け

　調理が終わるといよいよ盛り付け、手順5です。最近では料理の写真をSNSにアップすることはごく一般的ですので、調理した食材をきれいに盛り付けることも重要です。どれだけ味が良くても、見た目が悪いとそれだけで印象は悪くなってしまいますね。また、その盛り付けが目的を満たしているかを考えることも重要です。たとえばシンプルな和食を作っているときに、華美な盛り付けはしないでしょう。

　データ分析でも同様に、分析が終了すると、その結果を可視化したり、レポーティングしたりします。自分の分析結果を誰かに共有するわけですから、その内容がどれだけ優れていても内容が伝わらなければ意味がありません。料理の盛り付けと同じであるということを胸に刻んで、きれいなアウトプットを心がけましょう。

　駆け足でしたが、ここまでデータ分析の普遍的な需要についてふれ、データ分析の手順をおさらいしました。まずはデータを入手しなければデータ分析の工程ははじまりません。次節では筆者の経験をもとに、データに関連する部署とどのように連携し、どのようにデータ分析をはじめていけばいいのか解説していきます。

6-2 データの入手と問題設定
データ分析の目的を明確にしよう

データのアクセス権

　最近では「データの民主化」[注1]という言葉が流行っているように、組織内で誰でもデータを扱えるようにする動きがあります。ここでは、データにアクセスする際に必要になるセキュリティ部署やデータ管理をしているインフラ部署との関わり方について考えてみます。

　さまざまなデータの管理方法がありますが、

注1）データの民主化については「8章　今こそデータ分析の民主化を」を参照してください。

98

基本的にデータへのアクセスはある程度管理されており、誰でも自由に扱えることはありません。これは企業のセキュリティポリシーとして一般的です。また、「Need To Know（情報は知る必要がある者に対してのみ与え、知る必要のない者には与えないという原則）」という概念のもと、業務上必要な情報やデータに担当者がアクセス権限を持つことへの裏返しでもありますから、誤った管理を行なっているわけではありません。適切にセキュリティ管理が行われているため、その管理化でデータ分析をする準備をしましょう。

データのアクセスを管理している担当者にデータ分析をしたい旨を伝え、適切なアクセス権限を割り当ててもらうことで、セキュリティポリシーを変えることなくデータを入手できます。料理の場合でも、たとえば友人宅などで料理するときは、食材を使用していいか確認を取ったりしますよね。それと同じようなイメージです。データさえ用意できてしまえば、あとは目的にそって適切に処理をしていくことになります。

普段からコミュニケーションをしているチームや部署内でデータをやりとりするならともかく、他部署に対して働きかけるときは少し注意が必要です。セキュリティ部署は、日々の業務においてサービスの安定性を念頭に、数あるセキュリティリスクを1つでも少なくしたいと考えています。したがって、新たなデータアクセス権限の付与はそのぶんリスクを抱えることになります。このような他部署の役割やその背景を理解しないまま、ただデータを使わせてくれとぶしつけな依頼をすることはお勧めしません。

データ分析推進への共感を得る

図2はデータサイエンスの推進とセキュリティリスクはトレードオフの関係にあることを示しています。多くの人がいろいろなバリエーションのデータを扱うことができれば、データサイエンスの推進は可能ですが、一方で情報漏洩のリスクも高まりますので、どちらか一方にのみ比重をかけるのではなく、うまくバランスを保つことを意識できるとよいでしょう。

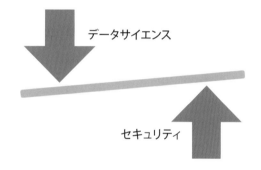

◆図2　データサイエンスの推進とセキュリティリスクの関係

インフラやセキュリティを担当する部署とコミュニケーションする際に重要な視点は、そのデータを扱って分析することで、組織にとってどのようなメリットがあるのかを理解してもらい、共感を得られるようにはたらきかけることです。

他部署は敵ではなく、同じ志を持った味方です。お互いが役割を理解し、重大なリスク事項の洗い出しを必ず共有した上で、協力してデータの管理・抽出を行うとよいでしょう。時には、データ分析の担当者は、コーポレートガバナンスやセキュリティリテラシーなどに関する知識も問

われます。適切な判断のもとに正しい扱いを心がけるようにしましょう。

近年ではGDPR[注2]の施行によって、よりデータマネジメントへの意識が高くなっており、自社で扱うデータに関するポリシーが再定義されることもあります。きちんと自社のデータマネジメントポリシーを読み込んでおくことも重要です。また、ベンチャー企業や発足間もない組織などでは十分な管理体制ができていない場合もあります。組織の状況にもよりますが、リスクは常に頭に入れてデータを活用するように心がけてください。

Column　データサイエンティストの役割

最近ではさまざまな業種・業態でデータサイエンティストの募集を見かけることが増えました。しかし、新たな職種であるデータサイエンティストに対して、どのようなタスクを用意するのかという理解がまだまだ進んでいないと筆者は感じています。本書の読者であれば、データサイエンティストの担当する業務領域や期待される役割、アウトプットのイメージなどを持っているかもしれませんが、まだまだ世の中に浸透しているとは言い難いのが現状です。

データサイエンティストを採用し、いざ実務に直面すると、データが未整備だったり、どこにどんなデータを持っているかが不明だったりという事態に遭遇し、まずはデータ基盤の開発から着手することもあるようです。しかし、このような場合はデータサイエンティストを採用するのではなく、自社のデータ基盤の整備を優先するべきです。これは採用する側のリテラシーが不足しているために起きている事象ですので、人材を募集する際には、自社の現状と課題をきちんと把握し、その課題を適切に解決できる人材を募集しましょう。

2つのデータ分析

データ分析は最終的にビジネスゴールを達成するためにあります。データ基盤が整備され、データの前処理[注3]を経て適切にデータ集計ができたら、次のような問題設定を行います。

- 自社のビジネス課題に対して何かしらの示唆を与えられるかどうか
- 売上の伸長やコストの削減でどのようにビジネス課題に貢献するか

これらの問題設定はビジネスの方向性と合っていることが重量です。

適切な問題認定ができたら、データ分析を行っていきます。データ分析は大別すると2種類に分けることができます。探索的分析と検証的分析です。

具体的な課題が設定されておらず、仮説が

注2）GDPRは「EU一般データ保護規則（General Data Protection Regulation）」の略称。欧州経済領域における個人データ保護を目的とした管理規則であり、個人データの移転と処理について法的要件が定められているもの。2018年5月25日から適用開始され、適正な管理が必要となり、違反には厳しい行政罰が定められていることから個々のポリシーの見直しを迫るものとなった。

注3）誌面が限られているため、データの前処理に関する項目は割愛しますが、すでにある良書「前処理大全」を読んでおくことを強くお勧めします。
『前処理大全［データ分析のためのSQL/R/Python実践テクニック］』
（本橋智光 著，株式会社ホクソエム 監修／2018／技術評論社／ISBN978-4-7741-9647-3）
https://gihyo.jp/book/2018/978-4-7741-9647-3

ほんやりとしている段階で行うことが多いのが探索的分析です。前述した基礎集計に加えて、散布図を描いて2変量の関係性の確認を何度も行ったり、クロス集計によって2軸の関連性を俯瞰します。たくさんの集計と可視化を繰り返して、仮説を発見していくのです。非常に泥臭い工程ですが、重要なポイントであることを認識してください。この工程を怠ると、より複雑な分析に着手したときに手戻りすることになり得ます。

一方、「検証的分析」は現場がすでに持っている仮説をもとにデータ分析を行い、その結果を組織に知見として蓄積するために行います。探索的分析によって出てきた仮説やインタビューやアンケートなどの定性調査から出てきた仮説を定量的に検証します。さまざまな条件を絞り込んだデータの分析を行ったり、A/Bテストなどのフレームワークを用いて検証したり、仮説検定を行ったりする工程です。より厳密な検証的分析を行うときは、実験計画をきちんと定め、サンプルサイズの設計を行い、検証することになりますが、詳細については割愛します[注4]。

「検証的分析」についてはすでにあるデータを活用するのでイメージしやすいかもしれません。ところが、問題がはっきりしていない中でのデータ分析は、何の役にも立たないという余計な誤解を生む可能性もあります。次節では探索的分析を行って課題をあぶり出していく過程を紹介します。

注4）次の書籍を参考にしてください。
『サンプルサイズの決め方』永田靖 著／2013／朝倉書店／ISBN978-4254126655
『伝えるための心理統計』大久保街亜、岡田謙介 著／2012／勁草書房／ISBN978-4326250721

6-3 探索的データ分析入門
分析でつまずかないための集計・可視化

探索的分析の工程

それでは、探索的分析の解説に入りましょう。工程としては、まずデータを抽出し、抽出したデータの構造やサイズを把握します。次に基本統計量を見てデータの特性を把握します。続いて集計軸を決定し、分析を掘り下げていきましょう。掘り下げていく中では、可視化などを活用し、思わぬ落とし穴にハマらないように気をつけましょう。それぞれの工程でハマるポイントを押さえながら解説していきます。

データの抽出

実際には多種多様なデータを扱うことになり

ます。ここではデータ抽出時の注意点を理解するのが目的ですので、サンプルデータとしてよく用いられるirisデータ（あやめの花の計測データ）をもとに解説します（**図3**）。

このデータは一番左に行（No）の番号があり、あやめの4つの計測値で構成されています。

- がく片長(Sepal Length)
- がく片幅(Sepal Width)
- 花びら長(Petal Length)
- 花びら幅(Petal Width)

あやめには次の3つのSpecies（種）があります。

- setosa(セトサ)
- versicolor(バーシクル)
- virginica(バージニカ)

図3のような表形式のデータはテーブルデータと呼ばれます。ひとつひとつのデータはカラムと呼ばれます。データを抽出する手法はさまざまありますが、このようなテーブルデータからデータを抽出する際にはSQLを使うことが多いです。

データ抽出時の注意

データベースに問い合わせることで、どのようなデータがどういう構造で格納されているのかを把握できます。ここではデータ構造を確認するのが目的ですので、注意しておきたいポイントは、限定的なデータにのみアクセスすることです。データ操作については詳しく解説しませんが、一般的には次のようなSELECT文を用いてデータを取り出します。

```
select * from iris limit 5;
```

ここでは、limit節を用いて抽出するデータを5個に限定しています。もし、このirisテーブルに数十億レコードのデータが格納されていた場合、limit節を利用しないと相応のリソースを使ってしまうので注意しましょう。分析をはじめたばかりの人が突然全量データにアクセスし、インフラ担当者に怒られて業務上の関係性を悪化してしまう例は、意外と多いと思います。せっかくデータのアクセス権を得たのに、関係性をこじらせては元も子もありません。未知のデータにアクセスするときは、必ず「抽出データを制限」してください。

データのサイズを確認

さて、これでデータの構造はわかったので、

No	Sepal.Length	Sepal.Width	Petal.Length	Petal.Width	Species
1	5.1	3.5	1.4	0.2	setosa
2	4.9	3	1.4	0.2	setosa
3	4.7	3.2	1.3	0.2	setosa
4	4.6	3.1	1.5	0.2	setosa
5	5	3.6	1.4	0.2	setosa

◆図3　テーブルデータの例

次は目的のデータの概要を確認して、データの
サイズを見てみましょう。扱いやすいサイズの
テーブルは探索のサイクルを細かくたくさん回
せますから、いろいろな視点で分析がしやすく
なります。

```
select count(*) from iris;
```

　集約関数のcountを使うことで、irisテーブ
ルにデータが何レコード格納されているかわか
ります。この結果は150レコードなのですが、
データベースに与える負荷はそこまで大きくなく
扱えることがわかりました。

基本統計量で
データの概要を把握

　これで、データ構造とデータの大きさを確認で
きたので、次はデータの概要を把握しましょう。
　データの概要を把握するには基本統計量を

確認するのが効率的です。これらはSQLを用
いて処理することもできますが、データが大きく
なければExcelのような広く使われてるツール
でも十分な分析ができます。［分析ツール］の
中にある［基本統計量］のメニューを使うと、**図
4**のような結果がすぐに得られます。Excelで
扱えない大きいデータの場合は、SQLの集約
関数を使ってこれらの情報を算出しましょう。

　基本統計量は文字列情報には適用できず、
数値データの要約情報を表します。ここでは
Species以外のカラムについて基本統計量を
計算しています。多数の項目が確認できます
が、ここで確認しておくとよいのは、「平均」、
「中央値」、「最頻値」、「最大」、「最小」、
「標準偏差」あたりでしょう。これ以外にも欠損
値の確認やデータの個数の確認もできるとより
実践的です。これらの項目の詳細について知
りたい場合は統計学の教科書を参照してくだ
さい。

Sepal.Length		Sepal.Width		Petal.Length		Petal.Width	
平均	5.84	平均	3.06	平均	3.76	平均	1.20
標準誤差	0.07	標準誤差	0.04	標準誤差	0.14	標準誤差	0.06
中央値	5.8	中央値	3	中央値	4.35	中央値	1.3
最頻値	5	最頻値	3	最頻値	1.4	最頻値	0.2
標準偏差	0.83	標準偏差	0.44	標準偏差	1.77	標準偏差	0.76
分散	0.69	分散	0.19	分散	3.12	分散	0.58
尖度	−0.55	尖度	0.23	尖度	−1.40	尖度	−1.34
歪度	0.31	歪度	0.32	歪度	−0.27	歪度	−0.10
範囲	3.6	範囲	2.4	範囲	5.9	範囲	2.4
最小	4.3	最小	2	最小	1	最小	0.1
最大	7.9	最大	4.4	最大	6.9	最大	2.5
合計	876.5	合計	458.6	合計	563.7	合計	179.9
標本数	150	標本数	150	標本数	150	標本数	150

◆ 図4　基本統計量

第6章　データ分析のはじめ方

これらの項目を押さえておけば、データカラム内のデータの分布をある程度把握できます。なぜ分布を見る必要があるのかといえば、このあとのデータを標準化する工程をあらかじめ想定できるからです。世の中のデータの多くは歪な分布をしており、統計の教科書で示されるような正規分布にならないこともあります。つまり、そのようなデータを扱うにはデータの概要を把握して、標準化の手法を選択する必要があるのです。詳しくは他書に譲りますが、平均値や中央値の値から著しく乖離した最大値や最小値がある場合には異常値が存在していると疑った方がよいでしょう。

今回のデータからは、Sepal.Lengthでは平均値が5.84、中央値が5.8のように平均値と中央値の差がそこまで大きくなく、標準偏差（ばらつき）も0.83とそれほど大きくないことから、適切な範囲で分布しているデータであることが読み取れました。

問題の設定

前項では数値データの要約情報を把握するため、基本統計量を確認しました。データベース内には数値データだけでなく、文字列などのテキストデータも存在します。いわゆる男性、女性などの属性データと呼ばれるものです。問題を設定するには、これらを集計し、傾向を確認するクロス集計は避けて通れない手法です。

クロス集計

たとえば、自社の顧客データベースに図5のようなデータが入っていたとします。こういったデータは企業で扱う顧客情報などで頻出すると思います。

性別カラムは「男性」、「女性」のようなカテゴリで分類される変数を持っています。

これらは数値データと異なり、足したり引いたりすることはできないデータ（カテゴリ化されたデータ）です。このようなデータは数をカウントし

顧客ID	性別	年代	地域	職業	登録日
1	男性	60代	東北	無職	2017/01/01
2	男性	10代	関西	学生	2017/01/01
3	女性	10代	関東	アルバイト	2017/01/01
4	女性	20代	九州	会社員	2017/01/01
5	男性	40代	関西	自由業	2017/01/01
6	男性	50代	関東	自由業	2017/01/01
7	女性	60代	九州	公務員	2017/01/02
8	女性	10代	四国	学生	2017/01/02
9	女性	10代	北海道	アルバイト	2017/01/02
10	女性	20代	北陸	会社員	2017/01/02

◆図5　属性データの例

たり、分析の軸として活用します。ある属性と別の属性を組み合わせて集計してみたり、先ほどの数量データを組み合わせてみるなど、カテゴリカルデータの種類に応じて、たくさんの組み合わせを試みることができます（クロス集計）。

ここで特に重要なのは、データを掛け合わせるときの選択方法です。たとえば、「性別」×「年代」、「地域」×「職業」などの掛け合わせをしてみたくなるでしょう。これに加えて、定量的な情報を計算軸に加えることで、「どんな属性の人がどの程度利用してくれているのか」（図6）や「どこの地域の人がどのくらい売上をあげているのか」（図7）などのさまざまな問題設定を置くことができるようになります。

このようにさまざまな軸同士を掛け合わせてクロス集計を行うことで、他のセグメントと比べてテコ入れが必要な箇所を見つけ出すことができます。たとえば、利用率は高いのに売上貢献としては低い年代が見つかったら、その年代に対する新たな施策を考える必要があるなどのアイデアが出てきます。

図7を見てみると、「20代」「30代」「40代」あたりの年代の売上が高く、メインターゲットであると考えられます。ここでは自社の強みを発見するようなこともできるでしょう。

しかし、北陸地方の20代の売上が他と比較して極端に低い結果となっています。これは明らかに何か問題が起きているシグナルだと考えられますので、すぐにその地域で起こっている現象を把握し、対策を打たなければならないでしょう。これらの数字を見る場合には、理想とする状態とどれだけ離れているかを考えるのがポイントです。

分析軸の選び方のポイント

分析軸には、その後の分析に関わる優先度

年代｜性別	女性	男性
10代	7.2%	5.5%
20代	3.7%	16.8%
30代	3.3%	34.0%
40代	2.7%	14.5%
50代	6.1%	8.9%
60代	1.7%	1.7%

◆ 図6　男女別の利用率のクロス集計例

地域｜年代	10代	20代	30代	40代	50代	60代
関西	2,257	15,958	39,875	35,879	13,915	3,510
関東	7,619	50,977	64,440	114,468	32,419	9,703
九州	4,978	2,268	10,118	1,577	2,971	1,120
四国	2,289	3,001	3,552	820	1,090	241
中国	1,586	2,608	19,870	1,455	6,564	1,114
中部	8,765	14,451	41,512	6,599	10,712	1,946
東北	11,885	6,491	41,394	11,002	8,605	2,036
北海道	1,675	10,388	13,082	8,220	6,077	505
北陸	2,567	67	8,496	6,835	1,543	758

◆ 図7　地域別の売上金額のクロス集計例（千円）

の高い軸を選択するべきです。先ほどの例では「20代」から「40代」がメインターゲットであることが判明しました。さらに売上向上を狙うには、これらの年代を効果的に集客する広告を打つなどのアクションが考えられるでしょう。また、この年代に「利用率」などの他の項目を掛け合わせて、さらに深掘りして特性を明らかにしていくことも考えられます。しかし、軸の種類の数だけ組み合わせパターンがあるので、ただやみくもにやっても労力を消耗してしまいます。

ここに関しては分析における経験の差が出やすいかもしれません。プログラミングが得意な方は、スクリプトを組んで考えられるパターンを集計しつくすというアプローチも考えられますが、あまりお勧めしません。最終的にはクロス集計表からのインサイトをもとに施策立案や提案につなげる必要がありますので、すべての可能性をいちいち確認するのは非効率です。アクションにつながらない結果を除外することも分析者の重要な責務です。そんなこと自明じゃないかと思う方もいるでしょう。筆者もかつてはそう思っていた時代がありました。しかし、データアナリストとして企業のデータを分析して、コンサルティングやアルゴリズム選定などを行っていたときに、学生や未経験のアナリストを指導する機会があったのですが、このような注意を事前に行わなかったことで、非常に苦労をした経験があります。確認するリソースは有限ですから、事前にどんな目的で分析するかをすり合わせし、適切なアウトプットを出しましょう。

散布図

前項のクロス集計と同様に、問題設定を行う上で有効なのが散布図による可視化です（図8）。先ほどは性別や地域などの属性データの掛け合わせによって問題を見つける方法を紹介しました。散布図では、数量データ同士を掛け合わせ、データの散らばり具合を見ます。これによって全体を俯瞰できるので、データの分布を把握しやすくなるとともに、おかしな位置にデータがあれば気づくことができます。

この散布図に、さらに曲線（線形近似曲線）を引くことで、x軸の数値とy軸の数値の関係性を視覚的に確認できます。相関係数の値を確認することで、それぞれの項目間の関連性を算出できますが、誰しもがこういった指標に詳しいわけではありません。ですので、散布図を効果的に用いて、視覚的に関係性を理解して

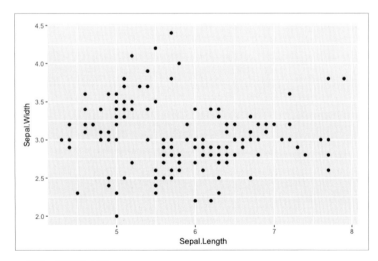

◆図8　散布図の例

もらう方がよいでしょう。また、散布図の各点に対してカテゴリカルデータを用いて色や形で分けて描画することで、各項目ごとのデータの散らばりをより正確に理解できます（図9）。

このように描画することよって「シンプソンパラドックスの問題」を回避できます。シンプソンパラドックスは、全体で見たときの相関とグループごとに分割して見た場合の相関が逆の関係になってしまう現象のことです。少し説明してみましょう。

シンプソンパラドックス

よく例として挙げられるのが、小学校の生徒の体重と足の速さの関係を表した散布図です（図10）。

全体の散布図で見たときには正の相関があるように見え、体重が重くなればなるほど、足が速くなるという関係性が導かれます。しかし、この結果は直感に反するところでしょう。というのは我々が体重が重い人よりも、軽い人の方が足が速い方がふさわしいという前提知識をを持っているからです。そこで、このデータを紐解くために、学年という属性を追加してみます（図11）。

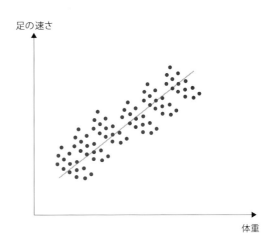

◆図10　小学校の生徒の体重と足の速さを表した散布図

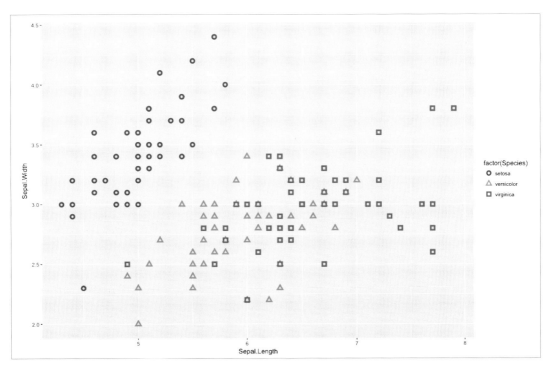

◆図9　ラベルでデータを分類した散布図の例

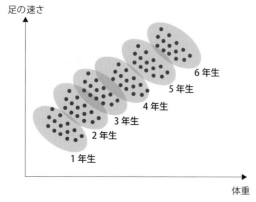

◆図11　図10の散布図に学年の属性を加える

　学年ごとに見ると、体重が重くなるほど足は遅くなるという関係性が得られます。つまり、全体で見ると、成長によって体重が増加してき、小学校の高学年になるほど足の速さは平均的に上がっていくために、誤った解釈が導き出されたのです。今回の事例は非常にわかりやすい例を取り上げているため、何を馬鹿なことをと思われた方も多いかもしれません。しかし、探索的分析ではこのシンプソンパラドックスにハマることがよくあります。なぜなら、分析者はさまざまな変数の関係性を見ていくので、最初の関係性を見つけたときに、大きな発見をした快楽に浸り、思考を停止してしまうからです。どういうメカニズムによってそれらの関係性が成り立っているか、もう少し思慮を加えることが重要といえるでしょう。

6-4　KPIの設計とモニタリング
KPIの種類とダッシュボードの活用

　前節では基本統計量を確認した上で、クロス集計や散布図を描く行程を経て、追うべき指標を見つけていく探索的データ分析について解説してきました。自社のデータをさまざまな切り口から粘り強く分析することによって、自社の課題となりそうな適切な指標を抽出し、アクションをかけるべき問題設定ができるようになります。次は日々モニタリングするKPIを定め、それらを可視化するダッシュボードを作りましょう。
　ダッシュボードを作ってモニタリングすることで、立てた問題設定に対して適切なアクションが取られているか、予期しない変化がないかを継続的に確認できるようになります。

自社のセンターピンとなるKPIの決め方

　KPIの性質にはいくつかの種類があります（表2）。組織やプロジェクト単位でそれぞれの活動は異なりますので、その活動成果を示すKPIが多数あることはご理解いただけるでしょう。そして、もっとも大事なのは、そのKPIに何を設定するかです。
　経営者やマネージャは主に報告指標を気に

◆表2　KPIの種類

指標名	例	説明
報告指標	売上、利益など	全社で追いかける指標
先行(遅行)指標	WAU(Weekly Active Users)、MAU(Monthly Active Users)など	施策に対して、先行(遅行)して影響する指標
相関指標	コストと利益など	ある指標が他に影響を与える指標

かけますが、サービスディレクターや開発者は先行指標や遅行指標を見て、自分たちの施策の効果検証やサービス動向を把握します。KPIの閲覧者の特性を理解して、バランス良くダッシュボードに配置しましょう。

筆者はKPIを運用するときに次の2つの注意点があると考えます。

- KPIは変化するものである
- 多いKPIは無駄

優れたKPIは一概にこれということはありません。自社のビジネスモデル、サービス状況によって適切に設定しましょう。しかし、優れたKPIの必要条件には「わかりやすく、比較が可能で、変化により行動可能な指標」という性質があります。この性質を意識した設定がお勧めです。また、KPIを作りはじめると、いろいろな観点から数字を追いかけたくなるものです。そうすると、どんどんKPIが増えてしまい、焦点がぼやけてしまうことがよくあります。まずはセンターピンとなるメインのKPIを1つ決め、それを補完する3つから4つのKPIまでにとどめることです。KPIを設定したばかりのときは、数少ないKPIでモニタリングし意思決定することになります。これには勇気が必要ですが、思い切ってシンプルにしておくことを推奨します。

ダッシュボードの選び方

近年では、さまざまなダッシュボードが提供されており、なかなか難しい選択が迫られます。ダッシュボード機能を利用するには、「PowerBI」や「Tableau」などの商用のBI(ビジネスインテリジェンス)ツールや、「DataStudio」や「Re:dash」、最近注目を集めている「Looker」などの無料で使えるBIツールを利用することになります。

商用ツールは無料のものと比べて、GUI(Graphic User Interface)操作が優れている傾向があります。手軽に使えることから、ダッシュボードの利用者を増やしたい場合に選択するとよいでしょう。サポートも手厚く、トレーニングコースなどの用意もあるため、そうしたサービスを利用することも普及への近道となります。

無料で使えるBIツールはOSS(Open Source Software)で提供されていることもあり、多くの場合カスタマイズが可能です。たとえば「Re:dash」はSQLさえ書いてしまえば、その結果をずっと表示してくれる機能があります。モニタリングしているKPIを作成するためのクエリを共有できるので、ナレッジシェアにはとても有用です。Googleが提供している「DataStudio」は、同社の製品群との連携が非常に優れているので、関連製品を使用している場合、導入のハードルは低いでしょう。

製品によってさまざまなメリットや親和性があるので、自社のツール群や利用者の状況なども考慮し、チームで話し合って導入するダッシュ

ボードを選定してください。

ダッシュボードの運用

ダッシュボードを導入すればそれで終わりかといえば、そんなことはまったくありません。導入後の運用が大切です。なぜなら、ビジネスやサービスは日々変動しています。その事象を1つ1つ確認することはできませんが、ダッシュボードにそれらの活動の数値データが記録されていれば、その変化をすぐに検知でき、対策を打つことができるからです。

筆者の経験上、ダッシュボードの利用者数は日々減少していきます。どの程度利用されているかを把握するための管理者用のダッシュボードを作成しておき、利用者のシステムログを取得して、定期的に集計、可視化するなどして、内部利用の傾向を把握することをお勧めします。

利用者が逓減していく部署やメンバーには何かしらの要因があるはずです。減少傾向が現れたら、適切にサポートするような体制を敷いておくことも重要です。

チャットでのモニタリング

基本的にKPIは日単位で表示されることが多いです。Webサービスの開発に関わるエンジニアの場合は日単位ではやや粗いときもあります。こういったときに筆者が推奨するのは、定期的にKPIを算出するバッチを作成し、Slackなどのチャットツールと連携する方法です。

サイトの利用状況（登録者数推移やCV数など）をこのような形でモニタリングしておくと、些細な変化にも気付けたり、突発的な事象が起きたときの要因分解にも役立ちます。また、そのようなKPIのモニタリングをみんなで共有することで、組織内のデータリテラシーの向上や数字の基準値などの理解も深まることが期待できます。一方で、あまりにも多くの数字を流してしまったり、関係のない指標があると、見向きされなくなり、機能しないモニタリングになってしまう恐れもあるので注意しましょう。

まとめ

本章では次のことを解説してきました。

- データ分析の全体像の俯瞰
- データ分析に関連する他の部署との協業方法
- データの集計・可視化で気をつけるべきポイントと探索的なデータ分析による問題設定の方法
- 分析結果から出た仮説からKPIを定め、それらをモニタリングする方法

このように日々数字を追いかけることができるようになることがデータ分析のはじめの一歩だと筆者は考えています。分析手法やアルゴリズムの解説本は多く出回っていますが、いわゆるデータサイエンスの花形であるモデリングやアルゴリズム開発にたどり着くまでには多くのこなすべきステップがあり、それらを着実に進めていくための苦労があまり知られていません。本稿がこれからデータ分析に取り組む読者の手がかりとなれば幸いです。

第 **7** 章

データサイエンスによる
科学的ビジネスのすすめ

ビジネスに役立つ「データサイエンス」と「科学」の基礎知識

《著者プロフィール》
津田真樹(つだ　まさき)
テクノスデータサイエンスエンジニアリング株
式会社　シニアコンサルタント
大学・大学院では進化生物学を専攻し博士号
を取得、その後、理化学研究所に研究員とし
て在籍。学術界を離れて現在のデータ分析受
託企業に入社し、データ分析コンサルタントと
して顧客企業のビジネス改善のための分析業
務に従事。学術研究の過程で自分が身につけ
たスキルをフル活用して、ビジネス課題の抽
出や予測モデルの構築から分析結果の実務
展開支援まで、分析プロジェクトの上流～下
流の業務を実施している。

本章では「データサイエンスは詳しくはないが、データ分析・AI
を活用してビジネスを改善するにはどうすればよいか知りた
いビジネスマン」を想定読者として、データサイエンスをビジ
ネスで正しく使うために次のことを整理していきます。そもそ
もデータサイエンスとは何なのか、データサイエンス人材はど
のように分類されるのか、データサイエンス技術にはどのよ
うな手法があるのか、統計モデルと機械学習モデルの違いな
どです。そして最後にデータサイエンスを活用してビジネスを
進めるにあたって大切な「科学の考え方」について解説します。

7-1　データサイエンスの基礎知識

7-2　データサイエンス技術の特性

7-3　データ駆動でビジネスを改善するための
　　　科学的アプローチ

第7章　データサイエンスによる科学的ビジネスのすすめ

7-1 データサイエンスの基礎知識
データサイエンスとは何なのか、データサイエンス人材の3分類

データサイエンスへの理解不足

2010年代以降、ビッグデータやAIが大きな注目を集めたことを契機に、データ活用によるビジネス変革への強い期待が社会に広がっています。その一方で、分析プロジェクトを実施したものの、さまざまな問題にぶつかり思うように価値が出せていないという悩みをよく聞きます。

この原因の1つとして、一般的な企業で利用できるデータサイエンス技術への「理解／知識不足」が挙げられます。AIやビッグデータという言葉のイメージだけが一人歩きしてしまい、AI技術との相性がよい問題よりも自分たちにとって業務負担になっている問題に意識が向きがちであると感じます。その結果、一般的な企業でも実現でき、かつビジネス効果があるデータ分析プロジェクトをうまく企画できていない状況が見受けられます。

この他にも、データ分析がうまくいかない原因として、データサイエンス人材の採用があります。データ分析プロジェクトを進めるためにどのような人材が必要なのかの見極めができていないため、必要なスキルセットと合わない人材を採用してしまったり、あるいは、とても1人では持ち得ないような広範で高度なスキルを求めてしま

い採用ができない、といったことも発生します。

これまでは、データ分析を成功させるために必要な知見が、ビジネスを推進する立場の方々に十分に提供されてきませんでした。そこで本節では、一般的な企業で利用できるデータサイエンス技術で何が実現できるのか、また、ビジネスでデータ分析を活用するために必要な人材について整理したいと思います。

- そもそもデータサイエンスとは何なのか
- データサイエンス業務に関わる人材にはどのような種類があるのか
- 一般的な企業で利用可能なデータサイエンス技術で何ができるのか

データサイエンス、データサイエンティストとは何なのか?

まずはデータ分析にまつわる用語の整理をします。データ分析をはじめたばかりの会社でデータ分析のプロジェクトを進めていると、次のような質問を受けることがあります。

「AIとは何なのか」
「データサイエンティストはアナリストとは何が違うのか」

112

7-1 データサイエンスの基礎知識
データサイエンスとは何なのか、データサイエンス人材の3分類

「統計と機械学習は何が違うのか」

データ分析に関わる用語は一般のビジネスマンには馴染みのないものが多く、データ分析の土壌づくりを妨げているようです。たとえば、データ分析技術一般を表すような言葉として、データサイエンス、AI、データマイニング、統計、機械学習などがあり、データ分析にまつわる業務を遂行する職種として、データアナリスト、データサイエンティスト、機械学習エンジニア、データエンジニアなどがあります。このように言葉だけでもさまざま登場するため混乱する方が多いようです。本章では上記の疑問についてそのまま答えるわけではないのですが、基礎知識を押さえることで理解の助けとなることを期待します。

データサイエンス

まずは最も基本的な用語である「データサイエンス」からはじめましょう。そもそもデータサイエンスとは、何か特定の理論や技術を表す用語ではなく、「**データから有用な知見を得るためのさまざまな理論や技術の集合**」です（図1）。このデータサイエンスに含まれる理論や技術が現在AI（Aritificial Interigence；人工知能）と呼ばれる技術のベースとなっています。データサイエンスの主要な部分はデータ可視化[注1]・統計学・情報学によりカバーされており、その中に後述する統計的検定や教師あり学習（回帰モデルや分類モデル）、教師なし学習（クラスタリング）、次元削減などのさまざまな技術が存在しています。

2000年頃にはデータサイエンスとほぼ同様の意味で「データマイニング」という言葉が使われていました。これは企業が持つデータ全体を鉱山にたとえて、その中から有用な知見を採掘（マイニング）するというイメージから名付けられました。当時のデータサイエンス技術は、主に有償ソフトウェアで利用されていたため、現在ほど誰でも利用しやすい状況にはなっていませんでした。

2010年頃にはIT技術の発達により急速に蓄積するデータは「ビッグデータ」と呼ばれ、バズワードとなりました。ここではデータマイニングに相当する概念はビッグデータ分析といわれました。この頃には、RやPython（pandas、scikit-learn）などの無償で利用できるデータ分析ソフトウェアの普及が加速し、さらに、

[注1] 読者の中にはデータ可視化はデータサイエンスと呼ぶには技術として単純すぎると考える方がいるかもしれないのですが、データ分析をする上でデータの可視化は必ず実施するものです。また、データから意味を読み取るためにどのようにデータを可視化するべきなのかは、決して単純な技術というわけでもありません。そのためここではデータサイエンス技術に含めています。

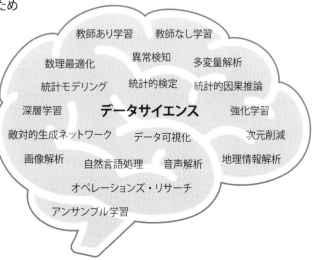

◆図1 データサイエンスに含まれる技術

Amazon Web Services（AWS）、Google Cloud Platform（GCP）、Microsoft Azureに代表されるクラウドの計算機資源が利用可能になりました。これにより、一般企業を含む社会の広い分野でデータサイエンス技術が利用しやすい環境が整いました。このような背景の中で、2014年頃からAIに注目が集まり、その状況が現在も続いています。

現在の一般社会において、AIという言葉は非常に広い意味で使われています。図1で示したデータサイエンスに含まれる技術を利用して、与えられた入力に対して自動的に何らかの予測や判断を出力するしくみのことが広くAIと呼ばれています（図2）。

AI技術が社会に普及した例として、エンジニアを退職し実家の農業を継いだ方が、生産しているキュウリの等級を仕分けるAIを作成したことが2016年に話題になりました[注2]。簡単にしくみ説明すると次のようになります。

- 収穫したキュウリをベルトコンベアで流しながら写真を撮影
- キュウリが写った画像を入力としてAIに与える
- AIは画像に写ったキュウリが9段階の等級のどれに該当するか判断し出力する

正確には、ここでは2つのAIが使われていて「画像にキュウリが写っているか・いないかを判断するAI」と「画像に写ったキュウリの等級を判断するAI」を組み合わせてシステムが組まれています。この例は次のことを私たちに実感させてくれました。

- AI技術は一部の先端企業だけが利用できる技術ではないこと
- 一定の知識さえあれば専門技術者でなくても利用可能な技術だということ

データサイエンス人材

次に、データサイエンス技術をビジネスで生かす人材について説明します。ここでは便宜的にデータ分析に関わる業務を遂行する人材

注2) https://cloudplatform-jp.googleblog.com/2016/08/tensorflow_5.html

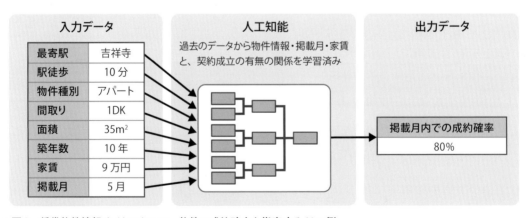

◆図2　賃貸物件情報サイトにおいて、物件の成約確立を指定するAIの例

をデータサイエンス人材と呼びます。

広すぎたスキル

データサイエンス人材は、**図1**にあるデータサイエンスに含まれる理論や技術をスキルの核とし、それらを駆使して事業に便益をもたらすことを生業とする人材といえます。ただし、**図1**からも明らかなようにデータサイエンスがカバーする領域は非常に広く、かつひとつひとつの分野もそれぞれが専門的な学問としての深さを持っているため、このすべてに精通している人は実質的には存在しないと考えられます。したがって、データサイエンス人材は、自分自身の興味関心や得手不得手やキャリア指向性に応じて、この広い領域の中の一部を習得しているのが実情です。

また、これまでデータサイエンス人材（ここではデータサイエンティスト）に求められるスキルとしては、データサイエンスの他にビジネスとIT（データエンジニアリング）の3つが必要であるといわれていました[注3]。

具体的には、ビジネススキルには次のようなスキルが含まれます。

- 事業課題の整理
- 事業課題を解決するための分析の提案
- ビジネス観点からの分析結果の解釈
- 分析結果を事業展開するための意思決定層や事業担当者とのコミュニケーション
  データエンジニアリングスキルには次が含ま

れます。

- データ分析基盤からのデータ取得、分析のためのデータ加工
- 分析結果のシステム実装のための要件定義
- データ分析基盤の設計・構築・運用
- 分析に活かすための業務システムのログ設計

ところが、実際のスキルチェックシートを確認するとわかりますが、記載されているスキルは非常に広範であるため、単一の職種のスキルセットとしては広すぎる印象がありました。

しかし、近年の求人情報を見るとデータサイエンス人材のスキルセットに3つの大きな方向性が見えてきています。次で解説していきます。

3つの人材

スキルセットの3つの方向性（職種）を図示したのが**図3**です。3職種のスキルセットや職務には重なる部分もありますが、3職種はいずれもデータサイエンスをスキルを核として、大きく次の役割を果たします。

- データサイエンティスト
  - ビジネス課題の抽出
  - 分析アプローチの選定
  - データ分析やAI開発
  - 分析にもとづく施策の事業展開や意思決定の支援

- 機械学習エンジニア
  - 分析アプローチの選定
  - データ分析やAI機能の開発

注3) 一般社団法人データサイエンス協会　データサイエンティストスキルチェックシート ver2.0.0 https://www.slideshare.net/DataScientist_JP/2017-81179087

- AI機能をシステムやプロダクトへ組み込む
- 分析で活かせるようにシステムのログを設計する

● データエンジニア
- データサイエンティストや機械学習エンジニアが業務を実施するための分析基盤やレポーティング基盤の設計・構築・運用を実施
- 業務システムと分析基盤との間のデータのパイプラインやデータの格納形式の設計

これらの職種はそれぞれ、ビジネスコンサルタント／アナリスト、アプリケーションエンジニア、インフラエンジニアのスキルセットにデータサイエンスが加わることによりバージョンアップした姿であるといえるかもしれません。

データサイエンティストと機械学習エンジニアには重複するスキルも多いですが、データサイエンティストは施策の立案や実施の支援、意思決定の支援などのために、データ分析をビジネスの用語に置き換えて経営層や事業担当者に伝えるコミュニケーションスキルを含めたビジネスのスキルがより強く求められます。これに対して、機械学習エンジニアは、AI機能をシステムやアプリケーションの本番環境に組み込むための、より強いエンジニアリングのスキルが求められます。

ただし、本書の他の章では、ビジネスにおいてデータサイエンスを活用するためのノウハウがそれぞれの著者の経験からまとめられているため、必ずしもこれら3つの職種を明確に区別して論じているわけではないことにご留意ください。

事業担当者の育成

データサイエンス人材の不足が叫ばれる中で、事業担当者の側からもデータサイエンスの

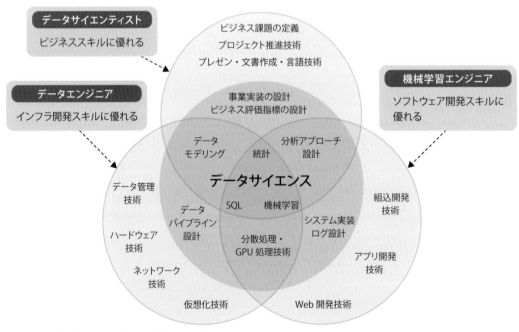

◆図3　データサイエンス人材のスキルマップ

スキルを育成することは重要です。**図3**からイメージされるようにデータサイエンス人材の育成についても、内から外に向かう方向と、外から内に向かう方向があります。もともと事業領域やエンジニアとして働いていた方が、データサイエンスの基礎スキルを身につけることで次のようなことが期待できます。

- データサイエンス人材とのコミュニケーションが円滑になる

- 基本的なデータの集計可視化を実施できるようになる
- データサイエンスの活用のアイディアが思いつきやすい
- 分析結果の実務展開をデータサイエンス人材から引き継いで推進できる

事業担当者からスキルを高めてデータサイエンス人材として活躍してくれる人が出てくるのは素晴らしいことだと考えます。

7-2 データサイエンス技術の特性
ビジネスマンが知っておきたいAI技術のキホン

代表的なデータサイエンス技術

本節では、ビジネスの現場でよく使われるデータサイエンス技術の概要を解説します。代表的なデータサイエンス技術をカテゴリ分けすると**表1**のようになります。

たとえるなら、これらの技術のカテゴリは道具箱の引き出しについたラベルであり、個別のアルゴリズムが道具であると見立てられます。データサイエンティストや機械学習エンジニアは、解決したい問題やデータの種類に応じて、これらのカテゴリの中からさらに個別のアルゴリズムを選択してAI機能などを構築します。一

方、データエンジニアは、これらの手法が適用しやすいようにデータを管理したりデータ分析基盤を整備します。

以下では各手法カテゴリの概要を説明します。

■ 統計的検定

比較したいデータの間に偶然ではない違い（**統計的な有意差**）があるのか判断するための手法です。たとえば、薬に治療効果はあるのか判定するために、薬を投与した患者群と偽薬を投与した患者群で生存率に違いがあるのか調べるために使われたり、広告Aと広告Bではどちらの方が集客効果が大きいのか調べる（A/Bテスト）ためなどに使われたりします。

データの性質により使える検定手法が限定

データサイエンティスト養成読本 ＜ビジネス活用編＞ **117**

◆ 表1　分析手法のカテゴリ

分析手法のカテゴリ	アルゴリズム
統計的検定	t検定、カイ2乗検定、ウィルコクソン順位和検定
分類モデル	ロジスティック回帰（統計モデル） サポートベクターマシン、ランダムフォレスト、勾配ブースティング決定木など（機械学習モデル）
回帰モデル	重回帰、ポワソン回帰など（統計モデル） ランダムフォレスト、勾配ブースティング決定木など（機械学習モデル）
時系列モデル	ARIMA、状態空間モデル（統計モデル） RNN、LSTMなど（深層学習）
クラスタリング	K-means（統計モデル的な手法） DBSCAN（機械学習的な手法）
次元削減	PCA（統計モデル「的な」手法）、t-SNE（機械学習）

されるため、データにあった検定手法を選ぶというだけでなく、検定手法に合うようにデータ取得の枠組みを設計するのが基本です（実験計画法）。

■ 分類モデル

契約中の顧客の履歴データを入力として「顧客が契約の継続をする/しない」を予測する（2値分類）、写真データを入力として「映った生物の分類（鳥・犬・猫・それ以外）」を予測する（多値分類）など、明確なカテゴリに分けられるような結果を予測する手法です。統計モデル（ロジスティック回帰）や機械学習モデル（サポートベクターマシン、ランダムフォレスト、勾配ブースティング決定木など）の手法が一般に使われますが、画像データに対しては深層学習（CNNなど）が使われます。統計モデルと機械学習モデルの詳細については後述します。

手法によって予測結果は「する/しない」の1か0ではなく、0～1の連続した数値（スコアと呼ばれることが多い）となるので確率（%）として解釈することもできます。それを利用してスコアが低い（つまり契約を更新しない可能性が高い）顧客を抽出するという利用もできます[注4]。

■ 回帰モデル

不動産の立地や築年数などのデータを入力として「物件の家賃」を予測するなど、連続的な値を予測する手法です（図5）。一般には統計モデル手法（重回帰、ポワソン回帰など）や機械学習モデル手法（ランダムフォレスト、勾配ブースティング決定木など）が使われます。画像データを用いる場合（例えば、顔画像から年齢を予測するなど）は深層学習（CNNなど）が

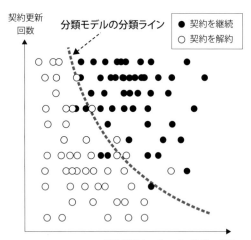

◆ 図4　分類モデルのイメージ

注4）図4は賃貸物件が1ヶ月以内に成約する/しないを予測する2値分類モデルが出力するスコアを確率として出力しているイメージを表しています。

使われます。

■ 時系列モデル

これは回帰モデルの一種ですが、時間的なつながりのあるデータ（時系列データ）たとえば、特定の会社の株価の推移、特定の店舗の売上の推移など、に対して回帰モデルを単純に適用すると問題となることがある（見せかけの回帰）ため、時系列データの特性に合わせた手法を用います（図6）。時系列モデルは、周期性（曜日変動・季節変動）やトレンド（上昇・下降傾向）や影響要因を考慮して、目的とするデータの将来予測や影響要因の影響度の推定に使用できます。統計モデル手法（ARIMA、状態空間モデル）が使われることが多いですが、最近は深層学習（RNN、LSTMなど）が使われることもあります。

■ クラスタリング

たくさんあるデータ点から、類似したデータ点同士、あるいは、他のデータ点とは離れてまとまっているデータ点同士をいくつかのグループ（クラスタ）にまとめる手法です。たとえば、顧客が昨年買った商品ジャンル（食品,家電,本,服,ゲーム）ごとの年間購入数のデータ（(食品,家電,本,服,ゲーム) = (0,3,5,0,1)）から、同じような商品ジャンルを購入する顧客をグループに分割するときなどに利用します。後述する次元削減の手法とセットで使われることが多いです。

■ 次元削減（次元圧縮）

高次元のデータ点を、より低次元のデータ点に変換（圧縮）する手法です。たとえば、各顧客の商品ジャンル（食品,家電,本,服,ゲーム）ごとの年間購入数の例では、1人の顧客を1つのデータ点とすると5次元のデータとなります。これを2次元のデータに落とすことで可視化して人間でも把握しやすくなります。次元削減による可視化はクラスタリングの手法とセットで使われることが多いです。次元削減してプロットしたデータ点に対してクラスタリングの結果を使ってデータ点を色分けすることで、各クラスタを目で見ることができるようになります（図7）。

ここでは代表的な分析手法について解説しました。詳しいアルゴリズムの挙動はデータ分

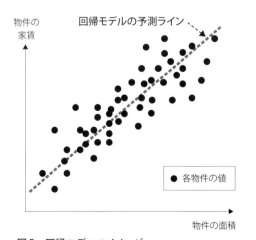

◆ 図5　回帰モデルのイメージ

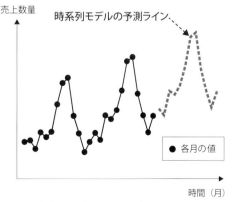

◆ 図6　時系列モデルのイメージ

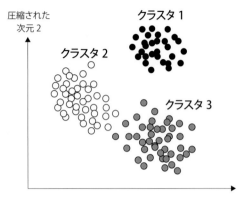

◆図7　クラスタリングと次元削減

析者がわかっていればよく、ここでは分析手法のおおまかな違いを押さえておきましょう。

ビジネス要件に合わせた手法の使い分け

　前項では代表的な手法のカテゴリについて説明してきました。ここで、分類モデル、回帰モデル、時系列モデルに着目すると、統計モデルと機械学習モデルのどちらにも同等の機能を果たす手法があります。しかし、実務においては求められるビジネス要件によって、機械学習モデルと統計モデルを使い分けています（なお、ここでは深層学習は機械学習モデルに含めています）。

　ビジネスでの適用の際に重要となる統計モデル手法と機械学習モデル手法の特徴の違いを**表2**にまとめます。

　以降では、予測精度の上げやすさ・予測の不確実性の推定・予測結果の解釈性が、ビジネス要件とどのように関わるのか説明します。

予測精度の上げやすさ

　一般に機械学習手法の方が予測精度を上げるのは容易です。統計モデルで予測精度を上げるには、予測したい値（**目的変数**）と非線形な関係を持つ影響要因（**説明変数**）を表現するために、元の説明変数を加工した人工的な変数を作成したり（**多項式回帰、スプライン回帰**）、複数の要因の組み合わせの効果（**交互作用**）を表現する変数を作成したりする必要があります。その他、欠損値や異常値に対処するデータ加工でも、機械学習の手法よりも手間がかかる傾向があります。そのため、短期間で高い予測精度を求めるようなプロジェクトには向いていないといえます。

予測の不確実性の推定

　第一に、統計モデルにしろ機械学習モデルにしろ予測が完全に当たることはありえません。そのため実務においては予測がはずれるリスクを考慮した上で実務への展開方法を設計する必要があります。統計モデル手法が持つ利点の1つとして、「予測の不確実性」を推定できることが挙げられます[注5]。

　予測の不確実性は、たとえば、売上数量の予測から調達量を決める場合など、特に回帰

注5)「予測の不確実性」と「予測精度」は関連しており、「予測精度が高い」とは「予測の不確実性が小さい」ということを意味しています。

◆表2　統計モデルと機械学習モデルの特徴の違い

	統計モデル	機械学習モデル
予測精度の上げやすさ	予測精度を上げるためのデータ加工の手間が大きい	予測精度を上げるためのデータ加工の手間が比較的小さい
予測の不確実性の推定	推定できる	推定できない
予測結果の解釈性	比較的解釈しやすい	解釈性は低い／ない

モデルや時系列モデルを用いて数量を予測する場合に重要な考え方です。例として、翌月の商品の調達量を決める際に、予測された翌週の売上数量が100個だったとします。しかし、もしも単純に予測の通り100個調達すると、実際の需要がそれを上回ったときには在庫切れを起こしてしまうリスクがあります。そのため、予測より多めの数を調達した方がよいと考えられるわけですが、どれくらい多めに調達すればよいのでしょうか？

このとき、機械学習モデルでは「100個」のような単純な予測値だけしか算出されません。しかし、統計モデル手法であれば100個という予測値に加えて「90％の確からしさで売上数量が120個〜80個の範囲に収まる」という推定結果（**予測区間**）が得られます。これにより120個調達すれば在庫切れを起こすリスクを5％に減らすことができると知ることができます（図8）（予測精度の高いモデルであれば、売上数量が収まる範囲が105個〜95個のように狭くなります）。これにより在庫切れを起こすリスクをコントロールして調達量を決めることができます。

予測結果の解釈性

理想的には、予測やクラスタリングの結果をビジネスの理解やアクションにつなげるには、なぜそのような結果になったのかを人間が解釈できることが望ましいです。たとえば、顧客が契約を継続する／しないがどの要因に影響を受けているのかわかれば、自分たちのビジネスの理解にもつながります。他にも、ある顧客が契約を継続しないと予測されたときに、なぜ契約を継続しないのかがわかれば、その顧客をつなぎとめるために何をするべきなのかヒントとなります。

しかし、手法によって解釈のしやすさには違いがあるため、実務においては要因の効果をどの程度知りたいのかを決めた上で手法を選択します。また一般に、予測精度と解釈性の間にはトレードオフの関係があります。つまり、予測精度と解釈性の両方を高いレベルで求めることは難しいです。したがって、データ分析プロジェクトをはじめる際には、分析の目的の重心を予測精度に置くのか、それとも要因の影響を調べることに置くのか、あらかじめ決めることが望ましいです。

一般には、統計モデル手法の方が解釈性が

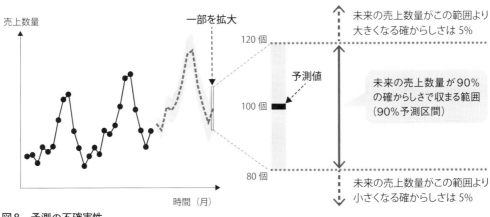

◆ 図8　予測の不確実性

高いです。これは、そもそも統計モデルは自然科学や社会科学の分野でそのメカニズムを明らかにするために用いられてきたためです。統計モデルでは説明変数が目的変数に与える効果は「係数」と呼ばれる数値で表されます。たとえば、商品価格を100円上げたときに、購入数がどの程度変化するのかを係数の値から計算できます。しかし、統計モデルであっても予測精度を高めるために、スプラインや交互作用の効果を表現した人工的な変数を多数作成すると係数の解釈が難しくなり結局は解釈性は下がってしまいます。

一方、機械学習モデルでは手法により解釈性の高さは大きく異なります。解釈性の高い手法として、決定木と呼ばれるアルゴリズムがあり、どの要因がどのように作用して予測結果が決まっているのか明示的に知ることができます。次に解釈性の高い手法として、決定木の発展的な手法であるランダムフォレストや勾配ブースティング決定木では「変数重要度」と呼ばれる指標により、各要因が予測結果に寄与する相対的な強さのようなものを知ることができます。それに対して、サポートベクターマシンや深層学習のような手法では解釈性がないため、予測結果に対してどの要因がどう寄与しているのかは基本的に人は理解できません。

まとめると基本的には、要因の効果を知りたい場合には統計モデル、予測を重視するのであれば機械学習モデルを選択することになります。しかし、要因の効果を知りたい場合でも、どの要因が重要なのかというレベルで十分な場合も多いです。そのため最近では、高い予測精度を出しやすく、かつ、解釈性もある程度持つランダムフォレストや勾配ブースティング決定木などの機械学習手法が選択される場合が多いと思います。AIの解釈性は関心の高い問題であるため、人による解釈をサポートするための技術開発も積極的に進められています。そのため近いうちに状況が変わってくることも十分に考えられます。

7-3 データ駆動でビジネスを改善するための科学的アプローチ
データにもとづきビジネスを科学する!?

足りないのは、データではなくサイエンス

前節まで、データサイエンスに関わる基本的な技術について説明してきました。しかし、これはあくまでも道具の話であり、ビジネスの現場において道具を使いこなし成果を上げるための考え方について語られることは多くありませんでした。本書ではそのための具体的な知見を

提供していますが、ここでは他の章とは少し視点を変えて、ビジネスでデータを活用する上で重要な科学的アプローチについて解説します。

表題の言葉は、機械学習の自動化プラットフォームを提供するDataRobot社日本法人でチーフデータサイエンティストをつとめるシバタアキラ氏のブログ記事[注6]からの引用です。しかし、多くの方にとっては（ビジネスに）サイエンス（科学）が足りないと言われてもピンと来ない方が多いのではないでしょうか。

そこで簡単に科学について説明します。一般的に「科学」とは自然科学、つまり生物学・物理学・化学などのことをイメージされると思います。しかし、そもそも科学は自然科学・社会科学・人文科学という言葉があるように、文理にまたがり専門領域を限定しません。また、科学は多くの人が学校で習う、生物細胞や物理法則や化学物質の知識といった、明らかになった事実の集合というだけでもありません。むしろ、「**科学の根幹は答えのない領域において答えを探求するための考え方や方法論**」にあります。

科学の考え方や方法論は汎用性が高いため、目的を学術からビジネスに置き換えるだけで、一般的なビジネスでも非常に有用です。しかし、現状では科学の方法論を活用して、ビジネスを改善しようという考え方は十分に浸透していないと感じます。冒頭でも述べたように、データの活用という点においても、「データ活用＝AIの活用」というイメージが強く、AIを使うことばかりに意識が向かいがちです。しかし、単にAI技術を使うというだけではなく、科学的方

注6）https://ashibata.com/2017/05/29/science/

法論により本当にビジネスが改善されているのかの検証やモニタリングを行うことが大切です。

データ分析プロセスと、科学のプロセス

筆者は、データ分析プロジェクトと科学の相性はよいと考えます。なぜなら、データ分析プロジェクト自体がアカデミックで培われた知識を応用して進める性質を持っているからです。そのため、科学研究で求められるスキルと、データ分析プロジェクトの中でデータサイエンティストに求められるスキルにも高い共通性があります。

図9はデータ分析プロセスと科学のプロセスを模式的に表したものです。

この図からデータ分析の進め方と、科学研究のプロセスに共通性があることがわかります。科学では研究の成果を論文や学会発表という形で世の中に知らせることで完了しますが、データ分析では分析結果をビジネス施策やシステム実装という形で実務に展開することが大きな違いです。

ビジネスで有用な科学的思考とは

ここまでビジネスにおける科学的思考の重要性や、データ分析プロセスと科学のプロセスの共通性について論じてきました。しかし、実はみなさんの中にも意識はせずに科学的思考を働かせてビジネスを推進している方も多くいると思います。なぜならビジネスにおいてよく言及される「PDCAサイクル」こそが、科学にお

ける仮説 - 実験 - 検証 - 考察のプロセスをビジネス向けに応用したものだからです。

前述の科学のプロセスとデータ分析プロセスは次のようにPDCAサイクルで説明できます。

- Plan：仮説
- Do：AI施策の実施
- Check：検証
- Action：検証結果を解釈し次の改善へ

AIを使った施策も仮説 - 実験 - 検証で進める

残念ながらAIを使えば必ずうまくいくという保証はありません。そのため、AIを活用する上でも、どのようなAIを作成すればよいのか、また作成したAIをどう使えばうまくいくのか、試行錯誤を続ける必要があります。その試行錯誤を効率的に進めて着実に前進する方法がPDCAサイクルです。

例として、契約期間満了を迎える顧客に対する営業活動について考えます。たとえば、ある会社ではこれまでは契約歴が短く契約更新回数が少ない顧客に対して厚く営業を実施していましたが、全体としての契約継続率を高めたいという問題を抱えていました。そこで契約期間満了を迎える顧客が契約を継続する・しない、をAI（分類モデル）により予測することで、既存顧客に対する営業活動を効率化しようと考えたとします。これをPDCAサイクルで考えてみましょう。

PLAN；仮説

それでは、顧客が契約を継続する確率（スコア）を予測するAIをどう使えば、この「顧客契約継続率」を改善できるのか仮説を立てます。たとえば、次のような仮説が考えられます。

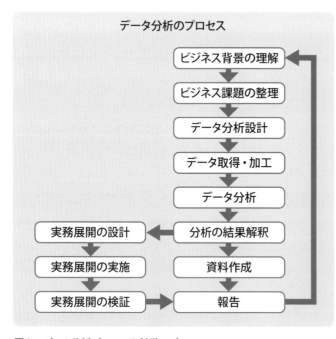

◆図9　データ分析プロセスと科学のプロセス

- **仮説1**：スコアが低い顧客は解約する可能性が高い。そのためスコアが低い順に営業活動を厚くする」ことで解約を防ぐことが契約継続率を向上させる
- **仮説2**：スコアが低い顧客は解約する可能性が高い。そのため営業コストを割いても解約されてしまう。そのため契約を継続する可能性の高い顧客を確実に維持することが重要である。そのため「スコアが高い順に営業活動を厚くする」ことが、契約継続率を向上させる
- **仮説3**：スコアが50％程度の顧客は契約継続／解約どちらにも転び得ると考えられる。そのためスコアが50％程度の顧客に特に営業活動を厚くする」ことが、契約継続率を向上させる

DO；実験

　問題は、どの仮説が正しいのかやってみるまではわからないということです。そこで、最初に仮説1を確かめることにしたとします。そのためには、営業部署を2つのグループに分け、1つにはAIにより算出した顧客ごとのスコアが記載されたリストを渡しスコアが高い方から営業するようにと指示を出します。もう一方には、これまでと同じ営業活動になるように契約更新回数が少ない順にスコアが高くなるダミーのスコアを記載したリストを渡します。このとき各営業担当者の営業成績や顧客のスコアは、2つのグループでできるだけ同じようになるように割り当てます。そして、施策の実施中には、各営業担当者が、対象顧客に対する営業活動の進捗状況をモニタリングします。

CHECK；検証

　施策の実施が終わった段階で、結果を分析し、仮説の検証を実施します。たとえば、2つのグループの間に顧客の契約継続率に違いがあるかどうかを確かめるには二項検定などの統計検定を用います。その結果、残念ながら結果的には2つのグループの間の契約継続率には統計的に有意な違いがみられませんでした。

　しかし、営業のモニタリング結果をみると、各担当営業はそもそもスコアが高い順に営業していないこと、また対象となるすべての顧客に対して営業活動が十分にできていないことがわかりました。

ACTION；考察・改善

　得られた結果を考察し、次の改善につなげます。今回の結果から、今回の仮説は間違っていたと結論づけてよいのでしょうか？今回の結果からは仮説が正しかったのか間違っていたのか検証できません。むしろ、仮説の検証以前に、営業活動に対するガバナンスの問題が浮かび上がっています。AIを活用した施策を実施しようとすると、このようにこれまでの業務の進め方とは大きく異なるため、そもそも施策の実施がうまくいかないということがあります。

　しかし、今回は施策の実施状況がわかるように営業活動のモニタリングの枠組みを設定しました。これにより施策の進め方自体に問題があったことがわかりました。この結果から、なぜ思ったように施策が実施されなかったのか、営業担当者やマネージャに対してヒアリングを実施し、今回の施策（スコアが高い順に営業活動する）自体が理解されていないことや、今回

とは別の他の営業施策も同時に実施されたために現場が混乱したことが明らかになりました。

そこで改善策としては、次のようなことを決定し、次の四半期では再度施策を実施することに決定しました。

- 前回はマネージャレベルでの施策の説明に止まっていたものを、Web会議などを用いて営業担当者レベルでの施策の説明を実施すること
- 営業部内で、実施する施策の優先順位を検討し、効果を判定したい施策について他の施策が同時に実施されないようにすること

以上では、AIを用いた施策のPDCAサイクルを説明するために営業活動の例を用いて説明しました。Webサービスの事業では、A/Bテストのように、実験を組むことが比較的容易なので、施策の効果検証を進めやすいです。しかし、実際に人が動いて事業をしているような業種では実験というのは非常にコストがかかるため難しいことの方が多いです。それでも一部の部署でのテスト実証を実施することにより、効果があるのか見極めながら実施することで、継続的なビジネス改善を図ることは重要です。

もともと製造業が強い日本では製品の品質管理（Quality Control; QC）のためにQC7つ道具と呼ばれるツールを活用しながら「科学的な方法論」による継続的な品質向上に取り組み、それが国際的な競争力につながってきた背景があります。今後は、あらゆる業務領域においてデータサイエンスにもとづいた科学的方法論により業務を改善していくことが求められています。

■ おわりに

本章では、データサイエンスを活用して科学的にビジネスを改善するための基礎知識を解説しました。そして、本章の最後ではビジネスを改善するためには「科学的」なアプローチが必要であることを強調してきました。

仮説・検証に代表される科学の方法論や、学術研究過程で身につく専門知識以外のスキル（論理思考力・課題整理・分析結果を解釈する力・プレゼンテーション・ドキュメント作成・英文読解力）など、これらはビジネスにおいて非常に有用です。これは筆者が学術界からビジネス界に移ってきて、業務を実施する中で強く実感してきたことです。

しかし、現状の日本社会では科学研究をする中で鍛えられるスキルがビジネスにおいて有用であるという認識は、ビジネス界、学術会の両方でまだまだ希薄であることが残念でなりません。筆者はデータサイエンスの普及はこのような状況を変えうるのではないかという期待を持っています。本文でも述べたように科学とデータサイエンスの相性はよいので、潜在的なデータサイエンティストとしてアカデミック人材は有望だと感じています。データサイエンスをきっかけにして、アカデミック人材の有用性が広く認知され、日本のビジネス界と学術界がともに栄える社会作り出せることを願っています。

第 **8** 章

今こそデータ分析の 民主化を

自分のデータは自分で分析する時代がはじまる

《**著者プロフィール**》
西田勘一郎(にしだ　かんいちろう)
Exploratory CEO・ファウンダー
誰もがデータを使いこなすことができる世界をつくるために、2016年の春、シリコンバレーでExploratory, Inc.を米Oracle時代の仲間とともに創業。日本でもデータサイエンス・ブートキャンプなどを通して、シリコンバレーで行われている最先端のデータサイエンスの手法の普及と教育に取り組む。
2016年までは、米オラクル本社で、16年にわたりデータサイエンスの開発チームを率い、機械学習、ビッグ・データ、ビジネス・インテリジェンス、データベースに関する数多くの製品を世に送り出すかたわら、世界中の企業へのトレーニング、コンサルテーションを通してデータに関するテクノロジーの民主化に努める。

現在シリコンバレーでは、企業の大きさや分野を問わず、ビジネス側の人間が積極的にデータを使って継続的にビジネスを改善していくことに必死です。そこで大きな役割を果たすのが、データ分析を民主化するための取り組みです。ここでは、民主化できていないことによる問題、それを解決するための取り組みをシリコンバレーのいくつかのデータ先進企業の例を挙げて紹介します。最後に、なぜ日本こそがデータの民主化に取り組むにあたって最もふさわしい文化を持っているのかを説明します。

8-1　データサイエンティストを活かせない現場

8-2　データ分析の民主化への取り組み

8-3　日本企業にデータ分析の民主化ができるのか

8-1 データサイエンティストを活かせない現場
なぜ、データ分析を民主化する必要があるのか

データ分析の民主化とは

2年ほど前に公開された「Hidden Figures」（邦題：ドリーム）という映画があります。1960年代に、当時は珍しく黒人の女性がNASAで有人宇宙飛行計画のミッションに参加しさまざまな差別にあいながらも活躍していく女性たちの姿を描いた、実話に基づいた映画です。ここで興味深いのは、映画の中で彼女たちはコンピュータと呼ばれていました。というのも当時コンピュータを使って計算処理を行うことができたのは限られた専門の人だけだったのです。

実際にコンピュータを一般の人達が手にするようになるには、スティーブ・ジョブスのアップルが「パーソナル・コンピュータ」を世の中に提供しはじめる1970年代後半まで待たなくてはなりませんでした。もちろん、今日では、当時の何百倍も性能の良いコンピュータがみなさんのポケットの中に入っていて、誰もがこうしたコンピュータを使いこなすことができます。こうした「民主化」のプロセスを経て世界は進化していくものなのですが、現在のデータサイエンスはまさにそうした局面にあると思います。

今日、データ分析に関する作業のほとんどがデータサイエンティストなど、データを専門に扱

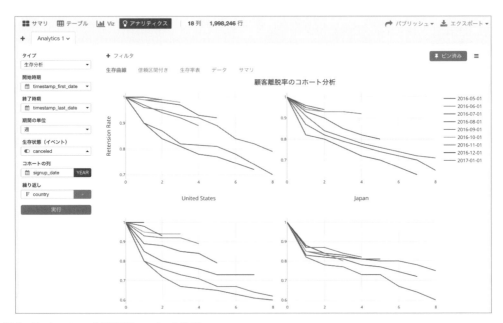

◆ 図1　Exploratory分析画面 - コホート分析

う人の手に委ねられています。このため、多くの企業ではデータを持っていても、その真価を発揮しきれていないというのが現状です。

非民主化による問題

筆者は、現在シリコンバレーでデータサイエンスをプログラミングなしで行うためのツールを提供するExploratoryという会社のCEOを務めています（参考図1、図2）。

仕事がら、シリコンバレーだけでなく全米中の顧客と話す機会が多いのですが、データ分析が「民主化」されていないために、どこも同じような問題に直面しています。代表的なものをまとめると次の5つが挙げられます。

- データサイエンティストが足りない
- データ分析に業務知識が活かされていない
- データ分析の効率が悪い
- データサイエンティストとビジネスパーソンが会話できない
- データサイエンティストを有効活用できていない

それでは、簡単にそれぞれの問題をみていきましょう。

データサイエンティストが足りない

データサイエンティストが不足しているという問題は、いまさら言うまでもないと思います。データサイエンスが民主化されていないため、ビジネス側の人間から山のように出てくるデータ分析の要望に、数少ないデータサイエンティ

◆図2　Exploratoryデータサマリー画面

ストが対応しきれないという状態が起きています。これからもデータ分析の機会は増える一方ですので、この問題はひどくなる一方でしょう。膨大なデータを持ち、高い給与水準を誇るFacebookやAirbnbのようなデータサイエンティストに人気の企業ですら、データサイエンティストが不足していると嘆いている状況ですから、他の企業にとっては、状況はもっとひどいのではないでしょうか。

データサイエンティストを有効活用できない

特にデータ分析に慣れていない企業の場合は、データに関することは職種に「データ」と付く人にすべて回ってきてしまいがちです。そういうわけで、データサイエンティストというただでさえ高価で貴重な人材の本来使うべき時間を奪ってしまっています。ビジネスを担当する人たちがデータを見やすいように、データの加工、レポートの作成、スライドの作成といったことに時間を費やしてしまうのです。つまり、本来であればデータを分析することが仕事のはずのデータサイエンティストがそれ以外の仕事に多くの時間を費やしてしまっているのだとすれば、それは貴重な人材を有効活用できていないということになります。

データ分析に業務知識が活かされていない

多くの場合、データサイエンティストはビジネスに関する十分な知識や経験を持っていませ

ん。そのため、データ分析を行うには最も重要なステップであるビジネスの問題や課題の定義があいまいになってしまうことで、分析そのものが中途半端に終わってしまいます。さらにせっかく時間をかけてデータ分析を行っても、意思決定者からみれば当たり前の情報しか出てこなかったり、興味深いが使えない情報であったりということがよくあります。

データ分析の効率が悪い

データ分析というのは多くのビジネスに関する質問に答えていくプロセスです。そして、データから導き出された答えは、多くの場合さらなる質問を導き出します。こうした、質問から答え、答えから質問というプロセスを何回も繰り返すことで自分たちが本当に知りたい答えに迫っていくことになります。このときに、データサイエンティストを含め他人に頼っていると、このプロセスが壊れてしまうどころか、最初の質問の答えを待つために数日、場合によっては数週間も過ごしてしまいます。

Prophetという時系列予測のアルゴリズムを開発したことで、データサイエンスの業界では有名なFacebookのデータサイエンティストのSean Taylorは次のようにコメントしています。

"データから価値を生み出すというのは、データとの対話の結果である。これは、最初にすべき質問がはっきりと分かっていて、それに答えるための正しいプロセスがあるというものの逆である。"

8-1 データサイエンティストを活かせない現場
なぜ、データ分析を民主化する必要があるのか

データサイエンティストとビジネスパーソンが会話できない

　データサイエンティストがせっかくビジネスにインパクトを与えるようなインサイトを出してきたとしても、意思決定者がその意味を理解できないという問題があります。たとえば、ある予測モデルがあって、顧客がコンバートするかどうかに対しての正解率が95％であるとします。しかし、リコール（コンバートすると予測された人のうち、何％が実際にコンバートしたか）が95％、プリシジョン（本当はコンバートするが予測はそうならないと言っている確率）が56％であると言われたときに、何も知らないと混乱するかもしれません。また、ある製品の機能のA/Bテストを行っているときに、どうもAの方が良さそうだが、その違いは有意ではないと言われたときに、統計の知識のない人にとっては腑に落ちないかもしれません。

　アナリティクスの世界は確率の世界ですが、このこと自体を普段の意思決定の場面では都合よく忘れてしまうことがよくあります。2016年のアメリカの大統領選挙では、どこのメディアも統計手法を使ってデータ分析した結果、トランプが大統領に選ばれる確率はかなり低いと予測していました（図3、図4、図5）。

あるところは5％、多いところでも25％くらいでした。ところがみなさんもご存知のように実際にはトランプが選ばれました。そうすると、予測の結果を導き出した統計学そのものに対して、いっせいに感情的な批判がはじまりました。少しでも統計学に対する理解があれば、実は、そもそも集められたデータにバイアスが含まれていたことが原因の1つではないかとか、逆に当初まったく当選のチャンスがないと思われていた候補が実は5％だろうが、25％だろうが当選する可能性があると予測できていたと見ることもできたのです。

　統計学に理解のないビジネス側の人間とデータサイエンティストの間でこれと同じようなことが起きてしまうことを考えて下さい。生産性のない非難合戦がはじまってしまうだろうことは想像に難くありません。結局、どんなに高度な予測モデルを作っても、受け入れる側がそこから得られるインサイトをどう解釈するべきか、それをどう意思決定に反映させていくかがわから

◆図3　ニューヨーク・タイムズの選挙直前の見出し

第8章 今こそデータ分析の民主化を

◆図4 2008年、2012年の大統領選挙結果をほぼ正確に予測したことで有名なNate Silverが運営するFiveThirtyEightの選挙直前の予測結果

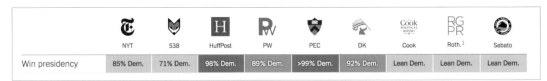

◆図5 メディアおよび世論調査会社による予測（DemはDemocratic Party／民主党のこと）

なければ、ただの宝の持ち腐れになってしまうという良い例です。

本節のまとめ

現在多くのシリコンバレーの企業では、これまでにみてきたような問題を解決し、組織としてデータ分析をもっと効率的に行っていくために、データ分析の民主化に積極的に取り組んでいっています。

次節では、そうした取り組みのいくつかをみてみましょう。

8-2 データ分析の民主化への取り組み
シリコンバレーとベースボールチームの事例

データ分析が民主化されると

それでは、データ分析が民主化されている企業とはどのようなものなのでしょうか。

シリコンバレーのスタートアップ、Hotel Tonightでの例をみてみましょう。

まず、それぞれのチームのゴールが数値とし

てチームの全員と共有されています。これにより、何がうまくいっていて、何がうまくいっていないか、うまくいっていないのはどのチームの責任なのかがはっきりとしています。そして問題があったり、質問があったりすると、プロダクト・マネージャやマーケターが、データエンジニアによって整備されたデータ基盤より必要なデータを取ってきて、その場で素早く現状認識のための分析をはじめます。たいていの場合はここで終わりますが、中にはさらに深い分析を要する仮説が出てくることがあります。ここで、データサイエンティストのような専門家がそうした仮説を検証するのをサポートしたり、また因果関係を検証するためのテストをデザイン、実行、そして評価したりします。こうして得られたインサイトをもとに、プロダクト・マネージャやマーケターはそれぞれの業務における問題解決、または改善のために必要な行動をとっていきます。

競争が激しく、毎月継続的に高い成長率を求められるシリコンバレーの企業では、この改善のサイクルを早くすることが求められているので、自ずとデータの民主化が求められるということになります。

こうしたデータ分析の民主化への取り組みは企業によってさまざまですが、ここでは、データ先進企業として有名なFacebookとAirbnbの例を取り上げます。

Facebook／Airbnbの民主化へ向けた取り組み

Facebookはデータを積極的に使うことで急成長を遂げた企業の1つで、現在もユーザエクスペリエンスの向上、さらに広告配信の最適化などのためにデータ分析を効率的に行っています。Facebookの社内では「データ・ブートキャンプ」というイベントを定期的に開催しています。基本的には朝から晩まで1週間のコースで、その後も定期的に勉強会のような集まりがあり、そこで継続的にデータ分析を学んでいっています。ここではHadoopのようなビッグデータのデータベースにクエリを書いてデータを取ってきたり、RやPythonといったデータサイエンスのプログラミング言語を使ってデータを加工したり、機械学習のモデルを作ったりといったデータ分析に関する技術を一通り体験しながら学習するしくみが試されています。

これをもっと制度化したのが、Airbnbです。Airbnbは、シリコンバレーの北のサンフランシスコに本社があり、日本では民泊サービスを提供する会社として知られています。ここも早い段階からデータを使うことで急成長したスタートアップとしてデータの世界では注目されている企業の1つです。彼らはデータサイエンスの手法を全従業員が使えるようにというミッションのもとにデータ分析の民主化に取り組んでいます（図6）。

その中の重要な位置を占めるのが、さまざまなデータサイエンスの手法を身につけるためのトレーニングのしくみである、データ・ユニバーシティと呼ばれるものです。そのカリキュラムには初級編、中級編、上級編といった主に3つのクラスが用意されています（図7）。まず初級編ではデータを使った問題解決能力の育成にフォーカスしています。次の中級編では、実際にSQL言語を使ってデータベースにアクセスする方法や、UIツールなどを使ったデータの

Airbnb データ・ユニバーシティ

   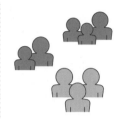

Airbnbの全社員を
エンパワーする

データに裏付けされた
意思決定を可能にする

データ教育を提供する

役割やチームを作り
スケールできるようにする

◆図6　Airbnbのデータ・ユニバーシティのビジョン

◆図7　Airbnbのデータ・ユニバーシティのカリキュラム

可視化、ダッシュボードの作成、そしてA/Bテストの行い方と解釈の仕方などを学びます。さらに上級編ではもっと専門的にRやPythonなどのプログラミング言語を使ったデータの加工や機械学習のモデリングなどを学んでいきます。

　ここで注目すべきなのは、彼らのトレーニングは単にデータ分析に必要な技術的な側面だけにフォーカスするのではなく、データを使ってどうビジネス上の問題を解決していくか、データ分析の結果をどう意思決定に反映させていくかに関するクラスを用意していることです。

　筆者がCEOを務めるExploratoryでも、データサイエンスのスキルを身につけるためのトレーニングであるデータサイエンスブートキャンプとは別に、データ分析を意思決定に活かすためのフレームワークを身につけるためのトレーニングであるアナリティカルシンキング・トレーニングを最近はじめましたが、これもまったく同じ理由からです（図8）。

　結局、どんなに最新のデータ分析に関する技術や手法を学んでも、データから得られた情報を現実のビジネスの問題を解決していくための意思決定につなげることができなければ意味がないからです。

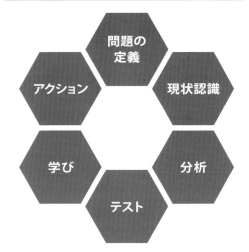

◆図8 Exploratoryによるアナリティカルシンキングトレーニング

　Airbnbのデータ分析の民主化に向けた取り組みはトレーニングだけでは終わりません。実はこのデータ・ユニバーシティとは、彼らの掲げる3つの柱のうちの1つです（図9）。

　2つ目の柱として、データへのアクセスを簡素化することにも取り組んでいます。これにはただアクセスするだけではなく、アクセスの許可、権限などをとるしくみも簡素化し、データに関するドキュメントも揃えることで、みんながデータを使いやすい環境を整えることにフォーカスしています。

　そして3つ目の柱が、データ分析を行いやすくするためのツールの提供とサポートです。Airbnbでは、ダッシュボード作成のためのSuperset、レポートなどを通した知識共有のためのKnowledge Repository、データの加工プロセスを設計、管理するためのAirflowなど、彼らのデータ分析のプロセスを効率化するために必要なさまざまなツールを開発してはオープンソースとして公開しています。そうしたツールをエンジニアやデータサイエンティスト以外の社員でも使いこなすことができるようなサポート体制の構築にも力を入れています。

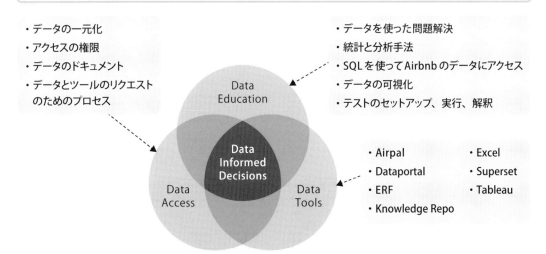

◆図9　Airbnbが掲げるデータ民主化のための3本柱

アナリティクス・トランスレーター

最後に、シリコンバレーでもスタートアップでもないのですが、ちょっとした変化球として紹介したいのが、昨年の2017年、アメリカのベースボールでワールドシリーズに優勝したテキサス・アストロズというチームの例です。

実は彼らの活躍を支えたのが、選手、監督、球団で働く何百人ものスタッフを含めてすべての人間がアナリティクスを理解し使いこなせるようになっていくという6年に渡っての「データ分析の民主化」の試みであったのです。アメリカのベースボールも日本の野球チームと同じで、選手の獲得から当日の試合運びまで、やはり昔からの経験と勘に重きがおかれていました。データを元に意思決定をしていくということに関して、はじめた当初は多くの人から疑問の目で見られ、選手からの抵抗を受けることにもなりました。そこで彼らのとったアプローチは、ベースボールの経験もあるが多少のテクノロジーのバックグラウンドもあるスタッフを「トランスレーター」として新たに雇い、データ分析のトレーニングを施しました。データ分析とベースボール、さらに選手のソフト面が理解できる彼らは、選手やスタッフのデータ分析に対する自信と信頼を高めていくことに成功します。

このトランスレーターと呼ばれる人たちは、監督や選手、スカウトのスタッフなどを含めた組織の全員がデータ分析ができるまでの一時的な橋渡しのために用意されていたので、最終的には現場の人間が自分でデータ分析を行い、そこから出てくる情報を理解し意思決定に使っていくことになります。

こうした仲介役のような人をまずは用意して、段階的にデータ分析を民主化していくというのは、特にこれからデータ分析を本格的にはじめようという組織にとっては1つの参考になるかもしれません。

データ分析の民主化の目的

これまでみてきたように、データ分析の民主化にはさまざまなアプローチがあると思います。どのように実現するにしても、そもそもデータ分析の民主化を行いたい理由は、組織の中のより多くの人が自分たちのデータを、自分たちで分析していくことで、組織の意思決定のスピードを上げ、継続的に自分たちのビジネスを改善していきたいからです。この目的を達成するには、それぞれの組織に合ったやり方を試行錯誤で見つけることができればいいのではないでしょうか。

すべての人が統計や機械学習のモデルの作成といった、データサイエンスのさまざまな手法の中でも高度なことができるようになるのは実際には難しいでしょう。シリコンバレーの企業といえども、統計や機械学習のモデリングになると、多くの場合データサイエンティストや統計のバックグラウンドを持つアナリストに頼っているというのが現状です。ただ、そうした高度な知識やスキルなしでも、データ分析を行い、自分たちのビジネスを改善していくことはできるものです。

先ほど紹介した、Facebookのデータサイエ

ンティストのSean Taylorは次のようにコメントしています。

" 私もAIの未来には他の人と同じくらい情熱を持っているけど、かっこいい流行りの機械学習のモデルを作るのと比べて、いくつかの高い品質のデータセットを使った、注意深い手作業（自動でない）の分析からの方が1000倍以上のバリューを得ているよ。"

また、データ分析の民主化とは何も組織の底辺で起こるムーブメントではありません。これは経営幹部を含めた組織全体に求められていることです。

シリコンバレーに本社がある、TV番組や映画といった動画の配信で有名なNetflixでは、統計学に関する大学修士レベルの知識なしでは、プロダクト部門で昇進していくことはすでにできなくなっています。

組織の中で意思決定に関わる人間は少なくとも統計や機械学習の手法の概要、それが導き出す結果や前提条件に対する正しい理解くらいは持っているべきで、それによって初めてデータを使った意思決定に自信が持てるようになるのです。

本節ではシリコンバレーのデータ先進企業が「データの民主化」でさらにデータを使いこなすことができる人材を増やす試み、さらにテキサスのベースボールチームのようなデータ後進組織が「データの民主化」によってデータ先進組織に生まれ変わっていく話を紹介しました。

8-3 日本企業にデータ分析の民主化ができるのか
実は「データ分析の民主化」リーダーだった日本

統計的思考による業務改善の歴史

最後になりますが、実は筆者はこの「データ分析の民主化」は日本企業こそが得意とするものであると考えます。

今でこそ世界に誇る品質の良さを売りにする日本の製造業ですが、戦後間もない1950年ころは今で言うスタートアップのようにまだ規模も小さく、安いだけで品質は欧米の製品に比べると圧倒的に悪いという状態でした。

そこにアメリカからエドワード・デミングという統計学者が来日し、当時の日本の製造業の経営者に統計的品質管理を教えることになります。ここで特筆すべきは、デミングは品質の問題とは一部の品質管理部門だけの問題ではなく、むしろ経営の問題であると考え、それは、

経営層、管理層、そして現場が一丸となって統計的思考と手法を使うことで、初めて解決される問題だと訴えたことです。

当時のアメリカでは、統計的手法は一部の品質管理部門だけによって使われる特別なものであり、こうしたデミングの教えに耳を貸す企業はありませんでした。ところが、当時の日本の製造業は彼の教えを積極的に全社一丸となって取り入れ、さらにこの統計的品質管理の手法を独自に発展させていくことになります。これが、その後、70年代、80年代に世界最高の品質を誇る日本の製品、技術が世界を圧倒していくときの土台となるわけです。

ビジネス改善の文化

アメリカのNBCというテレビ局が80年代の終わりに作成した「If Japan Can, Why Can't We?（日本にできるなら、なぜ私達にできないのだ？）」という番組をYouTubeで見ることができます[注1]。これは、当時の日本の製造業がアメリカの製造業より優れているのは、実はアメリカ人のエドワード・デミングの教える統計的品質管理を全社的に積極的に取り入れ、長年に渡って実行してきたからで、アメリカの企業は今こそこうしたやり方を日本から学ぶべきだとする番組です。

番組の中では当時の日本の企業の現場も取材しているのですが、そこには、今で言うダッシュボードとも呼ぶべきたくさんのチャートが大きな紙に印刷されており、それを前に、マネー

ジャや現場の人達がみんなで改善方法を話し合ったり、一緒に統計手法を勉強している日本人の姿を見ることができます。

著者がこのビデオを見て驚いたことは2つあります。1つめは、日本の企業がデータ分析をしてビジネスを改善していくしくみをアメリカの企業が必死に学ぼうとしている姿です。現在は、多くの日本の企業がシリコンバレーのテック企業がデータ分析をもとにビジネスを改善していくやり方を学んでいますが、それと正反対のことが起きていたのです。そして2つめは、当時の日本の製造業はすでに世界で最初にデータ分析の民主化をしていたということです。

私達はついついデータをもとに意思決定を行うというのはアメリカ的だと思ってしまいがちです。しかし、日本にはデータ分析をして業務を改善していくという文化がすでにあったのです。このことが、日本企業こそが世界のどこよりもうまくデータ分析の民主化をやりとげることができるのではないかと筆者が強く思う所以です。

先人に負けないように、最新のデータサイエンスの手法やデータ分析の思考法を組織一丸となって継続的に学び、実際のビジネスの現場での意思決定にデータを活かしていくしくみを積極的に作っていくことで、世界に向けて日本の素晴らしい製品やサービスを発信できる企業、組織がこれからもどんどん増えるよう願っています。

注1) https://www.youtube.com/watch?v=vcG_Pmt_Ny4

第 **9** 章

People Analytics 入門

戦略的に働き心地のよい職場環境を作る方法

《著者プロフィール》
大成弘子(おおなり　ひろこ)
データサイエンティスト・ピープルアナリスト。
HR領域・人事領域を専門とした分析業を行う。統計学、計量経済学、複雑ネットワーク（ネットワーク科学）を中心とした分析が多いが、最近は、機械学習やディープラーニングなども取り扱う。著書に『改訂2版 データサイエンティスト養成読本』(技術評論社)がある。

People Analytics (ピープルアナリティクス)とは、「人」に関する分析全般を指しますが、本章では「働く人々」にフォーカスします。ピープルアナリティクスがいかにして働く人々を幸福にするのか、そのアプローチ方法を紹介します。プロジェクトは「人」が集まって行われるものですので、人に関する問題は必然的に発生します。その問題を解決するためにも、ピープルアナリティクスがプロジェクトを円滑に進めるためのヒントになれば幸いです。

9-1　ピープルアナリティクスとは

9-2　成果を出す社内コミュニケーションとは

9-3　回帰分析による因果関係の特定

9-4　コミュニケーションデータを活用する前に

第9章 People Analytics入門

9-1 ピープルアナリティクスとは
歴史、扱うデータ、導入方法

ピープルアナリティクスの
はじまり

ピープルアナリティクスの歴史は比較的新しく、2003年に出版されたマイケル・ルイス著『マネー・ボール』がはじまりといわれています。この本は、アメリカのメジャー・リーグでも貧乏球団といわれたオークランド・アスレチックスが、野球に統計学を用いたセイバーメトリクスを導入することで強豪チームに進化していくノンフィクションストーリーです。人を分析する点でピープルアナリティクスの先駆けといえます。

欧米では労務管理・給与管理する人事部のことをPersonnel Departmentと呼びますが、最近ではHuman Resource Departmentと称するようになっています。名称が変更した背景として、「社員」は会社にとっては重要なヒト・モノ・カネ・情報という経営資源（リソース）の1つであるとし、人事はその経営資源である「ヒト」から最大のリターン（パフォーマンス）を得るために、人事戦略を策定・実行する部門であると位置づけられるようになってきたためです。2007年にはGoogleがHR部門（Human Resource部門：人事部）を「ピープルオペレーション（People Operations）部」と名付けました。企業が人事機能としてピープルアナリティク

スを導入した最初の事例といえます。

2013年にはMITメディアラボの研究員であるベン・ウェーバー著『職場の人間科学』がヒットしたことにより、一気に「ピープルアナリティクス」という言葉が広がりました。そして、2014年にはアメリカ・ペンシルバニア大学ウォートンスクール（MBA：経営学修士）にて初の「ピープルアナリティクス講座」が開設され、毎年「People Analytics Conference」も開催しており、経営学においても研究が進んでいます。

筆者自身は2014年頃からさまざまな企業に対してピープルアナリティクスを専門に活動していましたが、上記の世界的な流れを受け、2015年頃からピープルアナリストという肩書で仕事をしています。ウォートンスクール主催のPeople Analytics Conferenceにも2017年から毎年参加し、海外の動向を見つつ、日本発信の働く人々を幸福にする分析手法を発案できないかと日夜考えています。

技術領域と扱うデータの範囲

ピープルアナリティクスと比較される言葉として、HRアナリティクス（人事分析）、タレントマネジメント、ヒューマンキャピタルアナリティクス（要員分析）などがあります。しかし、これらとは取り扱う技術領域とデータの範囲に違いが

140

9-1 ピープルアナリティクスとは
歴史、扱うデータ、導入方法

あります。

ピープルアナリティクスが取り扱う技術領域は、次の4つすべてが重なる領域であるとされています[注1]。

- HRM（Human Resource Management：人的管理）
- 行動科学
- テクノロジー
- 数学

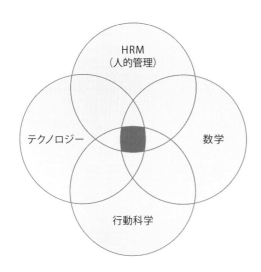

◆図1　ピープルアナリティクスがカバーする領域

そして、これらすべてを組み合わせて分析するのがピープルアナリティクスです。

- HRM × テクノロジー ＝ HRIS（人事システム）
- HRM × 行動科学 ＝ 組織行動デザイン
- テクノロジー × 数学 ＝ ビッグデータ（データサイエンス）

注1）What is People Analytics?　https://www.linkedin.com/pulse/paqa-what-people-analytics-mike-west

ピープルアナリティクスが扱うデータは主に次の4つに分類されます。人事分析といった場合、使われるデータは通常「人事データ」のみですが、ピープルアナリティクスは「人事データ」以外のデータと組み合わせて分析を行います。

- 人事データ
  - 属性データ（性別、年齢など）

- 業績・評価データ
  - アンケートデータ
  - 健康診断の結果

- デジタルデータ
  - メールデータ
  - カレンダーデータ（会議データ）
  - チャットデータ
  - コンピュータの使用量や使用記録

- 施設関連データ
  - 会議室の入退室記録
  - エレベータの使用量や使用記録
  - 電力などのエネルギー消費量やその関連記録

- 行動記録データ
  - センサーバッジ（カード式のセンサーなど）
  - ウェアラブルデバイス（スマートウォッチなど）

人事データとデジタルデータを組み合わせた分析では、パフォーマンスの高い社員は誰とどのくらいの頻度で会ってコミュニケーションをとっているのかがわかります。施設関連データを使った分析は、予約しているにもかかわらず

利用されていない会議室を計測し、無駄なコストとして換算できますし、またエレベータの使用量やエネルギー消費量などから高すぎる使用量はストレスになっている設備や環境がどこかを知ることができます。行動記録データを使うと、たとえば会議中の集中力がどのくらいなのか、あるいは働いているときの幸福度なども計測できます。

このようにピープルアナリティクスは、人事データとほかのデータとを組み合わせたり、これまで人事とは関係がないと思われていたようなデータを使って分析することで、把握しにくかった**人の心や感情**を可視化できます。これにより、働き心地のよい職場環境作りを戦略的に推進できるようになり、結果としてパフォーマンスの向上が導かれます。

導入するためのインフラ作り

ピープルアナリティクスでどんなことができそうかイメージが湧いてきたでしょうか。ではピープルアナリティクスを自社に導入したいと思ったとき、何からはじめるとよいでしょうか。

最もしてはいけないのは、いきなりチーム編成をすることです。まずは、分析をするためのインフラ作りからはじめてください。ここでいうインフラとは、データをどうやって入手し、入手したデータをどのようなツールで分析するのかといった分析の基盤となる環境作りを指します。欲をいえば、ここで人材集めも検討したいところですが、まだチームになっていない段階では、予算も当然なく、人材を集めることは容易なことではありませんので、あえて含めていません。

分析のインフラが整ったら、**小さな成果**を出してみましょう。いきなり大きな成果を出そうすると、時間がかかって途中で挫折しかねません。小さな成果を出し、周囲や経営層にピープルアナリティクスの価値を実感してもらいましょう。価値を実感してもらえれば、チームを編成する流れが作りやすくなります。会社にとってのチームとは、会社の成長のために目的を持って設置されるものです。ピープルアナリティクスが会社の成長に役に立つということを小さな成果からアピールすることは、とても大事なことです。

インフラ作りの過程では、データを入手することの方が、分析ツールを用意することよりも大変です。なぜならデータの種類によって保有する部署が異なるからです。分析ツールは無料の統計解析ソフトウェアであるRなどがありますし、またクラウドツールもそれほどコストをかけず利用できますので、準備はそこまで大変ではありません。それよりもステークホルダーとの調整が発生するデータ入手の方が大変ですので、次項で詳しく解説します。

インフラ作りのための ステークホルダーとの調整

前述したピープルアナリティクスで取り扱うデータは、会社の中では主に次のような部署が保有しています（**表1**）。

◆表1　データの種類と保有している部署

データの種類	データを保有する部署
人事データ	人事部
デジタルデータ	情報システム部
施設関連データ	総務部
行動記録データ	情報システム部、総務部、人事部

「人事データ」は非常にセンシティブであり、機密性の高いデータです。分析担当者が「ちょっと分析したいので人事データをください」と言ったところで断られてしまいます。ピープルアナリティクスをはじめるにあたっては「人事データ」は欲しいところですが、人事部経由では入手が難しいことが多いです。ですので、人事部からデータを入手しなくてもよい方法を検討しましょう。たとえば、アンケートを実施して代替となる人事データを入手するなどです。

「施設関連データ」は比較的入手しやすいものの人事データと紐付かない施設データの場合、オフィス環境分析にとどまってしまいます。だからといって人事データと紐づけようとすると、人事部との調整が発生するため入手が困難になってきます。

「行動記録データ」は、センサーバッチやスマートウォッチなど物理的なモノの購入が発生します。実験的に小さく取り組もうとしても数人のデータでは意味のある分析はできません。しかし、ある特定の部署の人数分を購入となるとそれなりの費用がかかります。まだチーム編成をしていない段階での予算取りは難しいこともあり、データ入手以前の問題があります。

この4つの中でいえば、最も入手しやすいデータは「デジタルデータ」です。「デジタルデータ」はデータの機密性が人事データに比べれば低いです。最近では、SlackやMicrosoft Teamsといった社内コミュニケーションツールを導入しているところも多いでしょう。情報システム部に協力してもらい、APIを経由して誰と誰が会話しているかのようなデータが入手できます。

次節では、最も手に入りやすい「デジタルデータ」を使ってどうやってピープルアナリティクスを行い、成果につなげていくのかを具体的にみていきます。

9-2 成果を出す社内コミュニケーションとは
デジタルデータから見えてくるチームのモチベーション

どうやってパフォーマンスを上げるのか

どんなマネージャでもチームのパフォーマンスを上げたいと思うのは当然でしょう。しかし、目に見える成果だけを見ていてはわからないことがあります。それはメンバーのモチベーションです。さまざまな研究から、モチベーションはほかのメンバーとのコミュニケーション量によって上昇することがわかっています。バラバラにとっていた休憩時間を同じタイミングにしただけで

データサイエンティスト養成読本 <ビジネス活用編> 143

ストレスが低下し、生産性が上がったというコールセンターの事例もあります。

会社の中でのコミュニケーションには、直接会話する方法、メールでやりとりする方法、あるいは会議に出席する方法などがあります。本節では、前節でふれたSlackなどのコミュニケーションツールから誰と誰が会話しているのかという「デジタルデータ」を使って、どうやってモチベーションを計測するのかをみていきます。

最適なコミュニケーションの形

コミュニケーションの形といった場合、最適なコミュニケーションの形というものがあるのですが、それは実際には職種によって異なります。ここでは、次の2つの抽象化したチームを使って、マネージャとメンバーの最適なコミュニケーションの形について説明していきます（図2）。

図のどちらのチームも真ん中にマネージャがおり、メンバーが5人というチームです。人と人を結ぶ線はコミュニケーションを表し、チームAはマネージャとメンバー5人全員がコミュニケーションをしているチームです。チームBはマネージャとメンバーの間ではコミュニケーションはありますが、メンバー同士のコミュニケーションがないチームです。

この2つのコミュニケーションの違いは、チームにどのような影響を与えるでしょうか。

チームAの特徴としては、チーム全体の意思決定が速いことが挙げられます。メンバーの誰かが困っていたら、忙しいマネージャが常にサポートするのではなく、隣のメンバーに助けを求めることができます。そうやって相互に助け合うことで問題を解決できるため、スピード感のあるチームとなります。

一方、チームBは各メンバーがマネージャとしかつながっていませんので、チーム全体の意思決定スピードは遅くなります。しかし、エンジニアのようなフォーカスタイム（1人で集中して作業する時間）が長いほど成果を上げやすいメンバーで構成されているチームにおいては、実はうってつけなネットワークです。ある研究結果では、一度中断した作業に戻るには平均で23分15秒かかるともいわれています。たった1回の

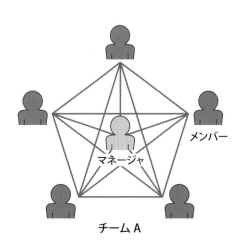
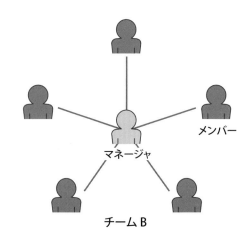

◆図2　コミュニケーションの形

中断がフォーカスタイムにとっては大きなダメージとなります。加えて、チームBが正常に機能する条件として、メンバー同士のタスクが密接に連携していない疎の関係であることにも留意する必要があります。

2つのチームのコミュニケーション量に着目すると、チームAにおいて頻繁なコミュニケーションが発生している状況はトラブルを示します。この場合、メンバーは疲弊しているでしょう。逆にチームBはコミュニケーションが少なすぎることで、火種の段階にあるトラブルを見逃してしまう危険性があります。

成果を上げるチームを作るためには、チームAであれ、チームBであれ、適度なコミュニケーション量を保つことが大事です。コミュニケーション量が最適であるかどうかの測定には、従業員エンゲージメント調査や従業員満足度調査などを使うのがよいでしょう。これらで心地のよいコミュニケーションがとれているかを測ることができます。

コミュニケーションネットワークから外れている人物は誰か

コミュニケーションに関するデジタルデータを入手したら、ネットワーク分析でまずは可視化してみましょう。ネットワークの可視化ツールとしては、統計解析ソフトウェアであるRのigraphというライブラリやグラフ可視化のためのオープンソースであるGephiなどがお勧めです。どちらも無料で利用でき、またコミュニティがそれぞれありますので、わからないことがあったら質問することもできます。

会社の中の「誰」と「誰」がコミュニケーションをとっているかというデータをネットワーク図にしたのが図3です。

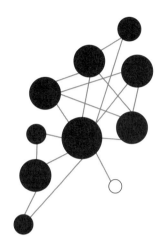

◆図3　コミュニケーションネットワーク

ここではコミュニケーションの内容は無視します。●で示すノードは「人（個人）」を表し、線はコミュニケーションがあったことを表します。ノードのサイズはコミュニケーション量を表し、大きいほどコミュニケーションが多いことを表します。ここではコミュニケーションの方向を考慮しない無向グラフを用いていますが、コミュニケーションに方向を持たせる矢印のある有向グラフで表現しても問題ありません。

チームにおいて気にすべきことは、コミュニケーション量が多い人よりも、コミュニケーション量が少なく孤立している人です。図3では、右下にいる白丸のノードがそれにあたります。ノードのサイズが小さく、特定の個人にしかつながっていません。

ノードのサイズが小さく、特定の個人にしかつながっていない人には、2つのタイプがあります。

1つは入社したばかりのメンバーです。この場合、交流を増やすために人事や上司などが積極的に社内ネットワークに加わられるような試みをするとよいでしょう。もう1つはもうすぐ辞めるかもしれない人か、もしくは窓際族です。これはどちらであっても組織に深刻なダメージを与えます。前者は組織にうまく馴染めず成果も出せていなければ、退職確率が高まります。後者は会社を辞める気はないが、かといってやる気があるわけでもなく、毎日ただ会社に来ており周囲への士気に影響を与えます。いずれも改善が必要です。

退職リスクの高い人物は誰か

前項では孤立した個人をネットワーク図からみてみましたが、続いて退職リスクが高い人物を探してみましょう（図4）。そして、退職防止のためにどのような社内ネットワークを構築するのがよいのかをみていきます。

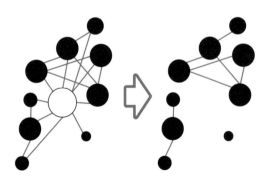

◆図4　退職リスクの高い人物

孤立した個人は退職確率は高い状態にありますが、退職されると会社にとってダメージとなる退職リスクを考えると、孤立した個人ではなく別の人物が該当します。それは、社内の多くの人とコミュニケーションを取っており、かつ組織にとっては中心的な役割を持っている人物です。図4では、真ん中の白丸が会社にとっての退職リスクが高い人物になります。

実際に、真ん中の白丸の人が辞めた場合の社内ネットワーク図が右側の図になります。1つだったチームが3つに分断されてしまいました。さらに、真ん中の白丸が辞めることで、右下にある孤立している個人も辞めることになるでしょう。このままでは退職の連鎖が起きてしまう可能性もあります。

ネットワーク観点で退職リスクを下げるには、社内の横同士のつながりを増やすことです。そうすることで、1人が辞めたとしてもほかのネットワークで補完され、従来通り会社は機能します。

能力が最大限発揮できていない人物は誰か

前項までは、ネットワーク図から孤立した個人や退職リスクが高い人物を特定してきましたが、今度は「固有ベクトル中心性」という概念を使って能力が最大限発揮できていない人物を特定してみます（図5）。

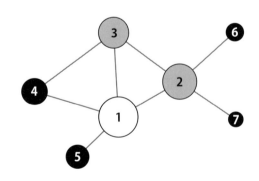

◆図5　固有ベクトル中心性

中心性にはいくつかの概念が存在しますが、最もシンプルでわかりやすい中心性としては**次数中心性**があります。次数中心性はどれだけ多くの人とコミュニケーションしているかをみる指標です。**図5**でいえば、①と②はそれぞれ4人とコミュニケーションをとっていますので、次数中心性が最も高い人物になります。一方、⑤、⑥、⑦は1人としかコミュニケーションをとっていませんので次数中心性は低いといえます。

固有ベクトル中心性とは、次数中心性の拡大版となる概念で、中心的な人物とコミュニケーションをとっているほど中心人物とする指標です。**図5**で固有ベクトル中心性が最も高いのは①です。①と②は同じ4人とコミュニケーションをとっていますが、②は次数中心性の低い⑥と⑦とコミュニケーションをとっていることから、①よりも固有ベクトル中心性が低くなります。同様に、⑤は、⑥と⑦と同じく1人としかコミュニケーションをとっていませんが、⑤の方が固有ベクトル中心性が高いことになります。これは⑤が最も固有ベクトル中心性が高い①とコミュニケーションをとっているためです。この固有ベクトル中心性は、これまでみてきた「誰」と「誰」がコミュニケーションをしているのかというデータだけで計算できます。

表2は、Aさん、Bさん、Cさんの3人のメンバーと、Week1からWeek4までの4週分の「固有ベクトル中心性」の値を表しています。値が大きいほど固有ベクトル中心性が高いことを示します。

◆ 表2 メンバー別の固有ベクトル中心性の値

Name	Week1	Week2	Week3	Week4
Aさん	0.96	0.80	0.75	0.77
Bさん	0.65	0.50	0.60	0.80
Cさん	0.20	0.15	0.45	0.65

固有ベクトル中心性が大きい人物に着目します。**表2**のWeek1ではAさんの固有ベクトル中心性が最も高いです。一方、固有ベクトル中心性が小さいメンバーはCさんです。Cさんは果たしてこのチームにおいて中心的ではない人物だといえるのでしょうか？ Cさんについてもう少し詳しく考えてみます。

単純に思いつくこととしては、Cさんは孤立した個人という可能性もありますし、退職リスクが高い可能性もあります。しかし、今回はそのどちらでもないとCさんのマネージャが判断するとき、考えられるのはCさんが本来持っている能力が最大限発揮できず、パフォーマンスが出ていない状態にあることです。

この場合、Cさんの能力が発揮できるよう役割や配置を変えてあげるとよいでしょう。実際にCさんの仕事の役割を少し変えたところ、Week2は0.15だった値がWeek3には0.45と上昇しています。Week4には0.65にさらに上がりました。どうやらCさんはその能力を発揮できる環境が与えられたようです。このように固有ベクトル中心性を計測することで、メンバーのモチベーションを把握できます。

組織が大きい場合、ネットワーク図だけを見て解釈するには限界があります。しかし、数値であれば、相対的に数値の低い人に着目することで問題がありそうな人物を特定できます。

ここで重要なのは、チームにとっての最適なコミュニケーションの形があるように、メンバー

個人にとっても最適なコミュニケーションの形があるということです。そして、メンバー個人にとって最適な状態であるかどうかを判断できるのはマネージャです。たとえば、上記のＣさんが仮にコミュニケーションをあまり必要とされない仕事をしており、かつそれが正常な場合は、固有ベクトル中心性は低くなりますが、なんら問題ありません。しかし、Ｃさんの仕事の役割や能力から判断したときに、違和感がある場合は対策が必要です。

9-3 回帰分析による因果関係の特定
従業員のモチベーションを探る

分析による「原因」の特定

前節では、退職リスクの高い人を特定したり、活躍できない人を特定したりするときに可視化を利用しました。これとあわせて、ピープルアナリティクスが価値のあるものだと経営者に認めてもらうためには、もう1つ大事なことがあります。それはどのような人が退職するのか、どのような人が活躍できないのかという原因を分析で明示的に指し示すことです。

プレゼンテーションにおいては可視化は非常にわかりやすく興味を引きやすい手法なのですが、これだけでは「面白い分析だね」で終わってしまいます。そうならないためには、原因を示し、何を改善すべきなのかを経営者に訴えることが重要です。組織の課題に興味のない経営者はおらず、たいてい直観的に組織の課題を把握していることが多いです。それをサポートすることで、ピープルアナリティクスが意思決定を裏付ける強力なツールへと変化するのです。

本節では、原因を特定する手法として最も基本的な回帰分析を使って、因果関係を見つける方法を紹介します[注2]。

相関関係と因果関係の違い

因果関係は原因と結果の関係を表すものですが、しばしば混同されるのが相関関係という概念です。データを正しく解釈するために相関関係と因果関係について整理してみます(図6)。

◆図6 相関関係と因果関係

注2) 回帰分析以外の因果関係に関する分析手法については『データ分析の力 因果関係に迫る思考法』(伊藤公一朗著、2017年)に非常にわかりやすく書いてありますので参考にしてみてください。

9-3 回帰分析による因果関係の特定
従業員のモチベーションを探る

相関関係とは、ある2つの変数の片方が変化すると、もう片方の変数も同時に変化する関係のことです。**因果関係**とは、ある2つの変数の間に、原因となる変数と、結果となる変数がある関係性のことを指します。

相関関係なのか、因果関係なのかを知るためには、2つの変数を逆にした場合に、同じ解釈になる場合は相関関係、異なる場合は因果関係と覚えておくとよいでしょう。統計的にはきちんと相関関係であるか、因果関係であるかを計算する方法はありますが、ここでは説明を割愛します[注3]。

具体例で考えてみましょう。**労働時間とモチベーション**の2つの変数があるとき、「労働時間が長くなるにつれ、モチベーションも上がっていた」とします。この2つの関係は、相関関係と因果関係、どちらになるでしょうか。これは逆にしても成立するので相関関係です。「モチベーションの数値が上がるにつれ、労働時間も長くなる」という意味は成立します。これを因果関係として理解すると大変危険です。「労働時間が長いほどモチベーションが上がるのであれば、労働時間を長くしよう！」といったような間違った人事施策を引き起こしかねないからです。

回帰分析から因果関係を特定する

では、具体的に回帰分析を使って因果関係を特定してみましょう。

イメージしやすいように、米国の調査会社ギャラップが開発した従業員エンゲージメントに関するアンケート「Q12（キュートゥエルブ）」を使って説明します[注4]。Q12は「あてはまる5点」から「あてはまらない1点」のように5段階の点数で回答してもらう形式です。すでに自社に組織診断データがあるのであれば、それを活用して分析するとよいでしょう。

図7は、目的変数を「従業員エンゲージメント（もしくは従業員満足度）」[注5]とし、説明変数を「Q12の回答結果」にした回帰分析の結果です。

ここでは回帰分析の結果として、回帰係数の値に着目します。数字が羅列すると数値の大小がわかりにくいので、表右では0を境に横棒グラフで表現しています。

回帰係数の解釈としては、係数がプラスの値であればあるほど従業員エンゲージメントにプラスに影響しており、マイナスであればあるほどマイナスに影響しているとみます。

Q12の中で、最もプラスに影響しているのは、Q12の0.38です。つまり、成長実感がある人ほど従業員エンゲージメントが高い傾向にあるようです。これはよい傾向ですので、マネージャとしては特に手を打つ必要はありません。

一方、最もマイナスに影響しているのは、Q4の−0.40となっています。よい仕事したと認められていない、褒められていないと感じている人ほど従業員エンゲージメントが低い傾向にあるといえます。これは、マネージャとして人事施

注3）より詳しく知りたければ『「原因と結果」の経済学――データから真実を見抜く思考法』（中室牧子、津川友介著、2017年）がわかりやすくてお勧めです。

注4）『これが答えだ！-部下の潜在力を引き出す12の質問』より
注5）Q12とは別に取得が必要です。

第9章　People Analytics入門

質問項目	回帰係数	マイナス影響 ← -0.4	-0.2	→ プラス影響 0.2	0.4
Q1：職場で自分が何を期待されているのかを知っている	0.19				
Q2：仕事をうまく行うために必要なツールや環境を与えられている	-0.15				
Q3：職場で置も得意なことをする機会を毎日与えられている	-0.11				
Q4：この7日間のうちに、よい仕事をしたと認められたり、褒められたりした	-0.40				
Q5：上司または職場の誰かが、自分を一人の人間として気にかけてくれている	0.25				
Q6：職場の誰かが自分の成長を促してくれる	-0.15				
Q7：職場で自分の意見が尊重されている	-0.15				
Q8：会社のビジョンやミッションが自分の仕事は重要だと感じさせてくれる	0.12				
Q9：職場の同僚が真剣に質の高い仕事をしようとしている	0.21				
Q10：職場に仲のいい友達がいる	0.05				
Q11：この6ヶ月のうちに、職場の誰かが自分の進歩について話してくれた	0.13				
Q12：この1年のうちに、仕事について学び、成長する機会があった	0.38				

◆図7　回帰分析結果

策を打つべき項目です。

　では具体的にどういう施策を打てばよいでしょうか？ 最もいけないことは、単純に回帰分析の結果の解釈の逆の施策を打つことです。Q4であれば、褒めればいいのかといえばそれではうまくいきません。ここからは心理学や行動科学の知識が必要となりますが、褒めてしまうとまたマネージャに褒められようと行動の基準をマネージャに合わせてしまい、自律性がなくなってしまうのです。Q4の問題を解消する方法としては、同僚からの感謝ピアボーナス[注6]を

導入することが効果的な施策の1つになります。

　ここではQ4についての人事施策例を紹介しましたが、ほかの項目についてもそれぞれ適切な人事施策が必要です。これらの施策を現場のマネージャ1人に任せるのは非常に酷なことです。正しい施策を打つには、組織で解決に取り組む必要があります。

　なお、ここで示した例はある組織においての結果です。組織やチームが異なればまったく異なる結果になりますので、参考としてご利用ください。

注6）ピアとは同僚のこと、感謝をボーナスのことで、同僚から感謝をもらうことをピアボーナスと呼びます。

9-4 コミュニケーションデータを活用する前に
押さえておきたい3つの原則

厳しくなっていく個人情報の取得

最後にコミュニケーションに関するデジタルデータを取るときの3つの原則を紹介します（図8）。これは、MITの研究員でもあり『職場の人間科学』の著者でもあるベン・ウェーバー氏が提唱している原則です。GDPR（General Data Protection Regulation：EUにおける情報保護政策）が施行され、世界的に個人情報の取り扱いがより一層厳しくなっているので、押さえておくに越したことはありません。

◆図8　データ取得の3つの原則

原則1：オプトイン原則

オプトイン（opt in）とは、データを収集する前にその対象に関する個人情報を取ることについて本人の同意を得ることです。企業がすでに持っている生年月日や氏名、人事関連データ（業績や評価データなど）以外でデータを取得する場合は、対象者全員に対し、その収集目的をきちんと説明し、同意を得る必要があります。同意が得られなかった場合は、当然ながらデータを取得することは一切できません。施策の目的をはっきりさせて、理解を得ることが重要です。

原則2：データ集合

全従業員あるいは特定の部署の全体をデータ集合としてとらえ、そこからデータの傾向や特徴を見出す分析をしましょう。問題のある個人を特定し、その個人に責任があるかのような分析をすることは絶対にしてはいけません。木をみて森を見ないような分析をしないためにも、全体をとらえることが大事です。データ集合でとらえる場合、氏名などの個人情報は事前に削除しても支障はないでしょう。また、従業員番号などのIDを使う場合は、ハッシュ化して処理するのが望ましいです。

原則3：コンテンツ削除

会話やメールの内容などのデータをオプトインなしで取得することは盗聴に値します。また、テキスト解析において、評価コメントなど特定の

目的を持った言葉の分析であれば意味のある結果を想定できますが、会話やメールなどを扱う場合、膨大なノイズが含まれますので、大変な労力の割に意味のある分析結果は得られにくいです。会話の内容ではなく、誰と誰が会話したかという社内コミュニケーションのネットワーク分析の方がはるかに有意義です。したがって、会話やメールといったコンテンツは削除しましょう。

本章のまとめ

プロジェクトがうまくいかない要因はさまざま考えられ、その要因の多くにコミュニケーションが関連しています。ソフトウェアプロジェクトにおいては、人員を新たに投下するほどコミュニケーションコストが上がり、逆に生産性が落ちるという有名な「ブルックスの法則」[注7]があります。なぜかプロジェクトがうまくいっていないという場合は、コミュニケーションの側面からアプローチすることも有効であることを覚えておいて、ぜひ試してみてください。

参考文献

最後に本章で取り上げた手法を実践する際に参考となる書籍を紹介します。ピープルアナリティクスは学際的な分野ですので、学ばなくてはいけないことが多岐に渡ります。興味のある分野から読んでみるとよいでしょう。

注7）『人月の神話』より。

ピープルアナリティクスに関する研究事例を学べる書籍

『職場の人間科学』ベン・ウェイバー（著）、千葉敏生（翻訳）／2014／早川書房

『データの見えざる手: ウエアラブルセンサが明かす人間・組織・社会の法則』矢野和男（著）／2014／草思社

『日本の人事を科学する』大湾秀雄（著）／2017／日本経済新聞出版社

『ソーシャル物理学:「良いアイデアはいかに広がるか」の新しい科学』アレックス・ペントランド（著）、矢野和男（解説）、小林啓倫（翻訳）／2015／草思社

『正直シグナル―― 非言語コミュニケーションの科学』アレックス・ペントランド（著）、安西祐一郎（監修・翻訳）、柴田裕之（翻訳）／2013／みすず書房

『これが答えだ! - 部下の潜在力を引き出す12の質問』カート・コフマン、ゲイブリエル・ゴンザレス＝モリーナ（著）、金井壽宏（解説）、加賀山卓朗（翻訳）／2003／日本経済新聞社

組織論・組織心理学・教育心理学に関する書籍

『GIVE & TAKE「与える人」こそ成功する時代』アダム・グラント（著）、楠木 建（監訳）／2014／三笠書房

『【新版】組織行動のマネジメント』スティーブン・P・ロビンス（著）、髙木 晴夫（翻訳）／2009／ダイヤモンド社

『ティール組織』フレデリック・ラルー（著）、嘉村賢州（解説）、鈴木立哉（翻訳）／2018／英治出版

『嫌われる勇気──自己啓発の源流「アドラー」の教え』岸見一郎、古賀史健（著）／2013／ダイヤモンド社

『成功する子 失敗する子』ポール・タフ（著）、高山 真由美（翻訳）／2013／英治出版

ネットワーク科学から人間関係について研究した書籍

『私たちはどうつながっているのか─ネットワークの科学を応用する』増田直紀（著）／2007／中央公論新社

『つながり 社会的ネットワークの驚くべき力』ニコラス・A・クリスタキス／ジェイムズ・H・ファウラー（著）、鬼澤 忍（翻訳）／2010／講談社

『信頼の構造：こころと社会の進化ゲーム』山岸俊男（著）／1998／東京大学出版会

統計・分析に関連したわかりやすい書籍

『データ分析の力 因果関係に迫る思考法』伊藤公一朗（著）／2017／光文社

『「原因と結果」の経済学──データから真実を見抜く思考法』中室牧子、津川友介（著）／2017／ダイヤモンド社

『高業績で魅力ある会社とチームのためのデータサイエンス』松本真作（著）／2017／労働政策研究・研修機構

『よくわかる心理統計』山田剛史（著）／2004／ミネルヴァ書房

プログラミング言語 R に関する本

『ネットワーク分析 第2版(Rで学ぶデータサイエンス)』鈴木努（著）／2017／共立出版

『Rによる計量経済学』秋山裕（著）／2009／オーム社

Data Science Library 技術評論社

Rで楽しむ ベイズ統計入門
しくみから理解する ベイズ推定の基礎

ベイズ統計が注目されています。MCMCという柔軟なアルゴリズムによって、あまり考えなくてもいろいろな問題が簡単に解けてしまうように宣伝されていることが一因かもしれません。しかし、その計算の背後にある原理は忘れ去られがちです。また、簡単な問題なら、誤差の大きいMCMCを使わなくても、Rの一般的な関数だけで計算できます。そのような簡単な問題を簡単なRの命令を使っていくつも解きながら、ベイズ統計の考え方の基本と、従来の方法との結果の違いを、詳しく解説しています。最後の章でMCMCを扱いますが、ここでもブラックボックスとしてではなくRの簡単なコードで実際に計算して仕組みを理解できるようにしています。

奥村晴彦、瓜生真也、牧山幸史 著、
石田基広 監修
B5変形判／224ページ
定価（本体2,880円＋税）
ISBN 978-4-7741-9503-2

大好評発売中！

こんな方におすすめ
・ベイズ統計の理論を学習したい方
・Rユーザ

Data Science Library 技術評論社

基礎からわかる 時系列分析
Rで実践するカルマンフィルタ・MCMC・粒子フィルタ

時系列データとは、気温や株価のように時間順に得られる系列データを指します。本書では時系列データの分析（時系列分析）の進め方を、基礎から説明します。時系列分析にはさまざまなアプローチがありますが、本書では探索的な方法と確率的な方法の両方を解説します。具体的には、探索的な方法については移動平均に基づく方法、確率的な方法については状態空間モデルに基づく方法を取り上げます。これらの説明の中では、数式の意味やどのようにコードに落とし込むかについて、丁寧に解説をします。また本書は応用的な話題についてもカバーしていますので、初めて時系列分析を試みる方はもちろん、すでに時系列分析に携わっている方にも興味を持っていただける内容になっています。

萩原淳一郎、瓜生真也、牧山幸史 著、
石田基広 監修
B5変形判／400ページ
定価（本体3,980円＋税）
ISBN 978-4-7741-9646-6

大好評発売中！

こんな方におすすめ
・データ分析者
・データサイエンティスト
・Rユーザ

第 10 章

People Analyticsが会社の業績を変えるまで

「数字に強い人事」が会社の生き残りを決める

《著者プロフィール》
加藤 エルテス 聡志（かとう エルテス さとし）
東京大学卒業後、マッキンゼー＆カンパニー、米系メーカー等を経て、2014年に一般社団法人日本データサイエンス研究所（現 株式会社日本データサイエンス研究所）を創設、代表に就任。
同年算数をAIで学ぶ教材を提供するRISU Japan株式会社を共同創業。取締役に就任。医療データのリーズンホワイ監査役。
著書『機械脳の時代』（ダイヤモンド社）、『プログラミングは、ロボットから始めよう』（小学館）、『日本製造業の戦略』（ダイヤモンド社・共著）、編集協力に『日本の未来について話そう』（小学館）、『REIMAGINING JAPAN』（VIZMedia LLC）など。
講演：TEDxTokyo Salon"データサイエンスと教育の未来"など。

本章では、人事領域におけるAI活用の大枠について、読者のみなさんが理解できるよう説明していきます。その中でも特にデータ解析（IT）チームと業務チームの緊密な連携が必要となる"コンピテンシー定義"を例に解説します。

10-1 人事領域でもデータサイエンスが活用できる
10-2 ケーススタディ～コンピテンシー定義編～

10-1 人事領域でもデータサイエンスが活用できる
人事領域のAI活用、具体的なトピックと手法

はじめに

これまで筆者は需要予測や異常検知といった機械学習が得意とする領域で、多くのプロジェクトを経験してきました。これらは高度な数理統計を要する領域ですが、私の教育的バックグラウンドは社会心理学です。社会心理学とは、人々の感情や思考、行動がどのように形成されるのか、そしてそれらが組織・集団の中でどのような相互作用を起こすのかを研究する学問体系です。「心理学」と聞くと、夢の分析など抽象的な内容を思い浮かべる方もいるでしょう。ですが近代の社会心理学は調査・実験結果の統計検定を中心とする、高度な数理統計の知識を必要とする学問です。

近年「People Analytics」と呼ばれる人事管理手法は、こうした社会心理学的知見と切っても切れない関係にあります。People Analyticsは従来「主観」「経験」に頼っていた企業人事を、より「客観的」で「エビデンスにもとづく」ものにする試みで、ほぼすべての人事領域が対象になっています（図1、図2）。

「人事」は企業ごとの経営の意思が色濃く反映され、また言語化しにくい要素を多く含みます。そのため、こうした「People Analytics」を行う上でも、暗黙の了解や企業文化など、非言語の情報を含めた社内事情をよく知る担当者の存在が欠かせません。

みなさんがイメージする優秀な人事部のトップは、こうした暗黙の了解をよく知り、表面に出てこないような問題も含めて、上手にコミュニ

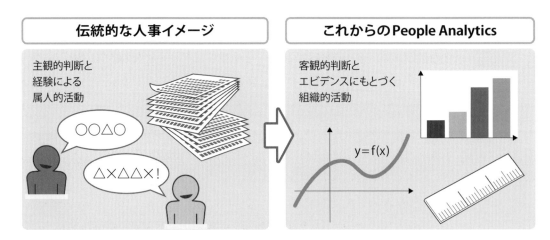

◆ 図1　従来の「主観」「経験」頼みの人事管理を、「客観」「エビデンス」にもとづくものに変える

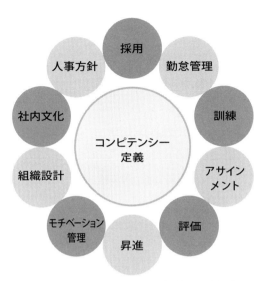

◆図2　People Analyticsでは、従来の人事領域の
　　　　ほぼすべてが対象になる

ケーションができる人物像なのではないでしょうか。逆に、数理統計の知識やデータの扱いに詳しい、いわゆる「数字に強い」人材イメージではないでしょう。従来の人事部の昇進基準は数理統計上のツールの活用が一般化する前に作られてきましたから、人事部は「数字に強い」というイメージがたとえば生産管理部や財務部に比べて薄いことには、歴史的な理由があるわけです。もしみなさんが人事部に籍を置いたことがあれば、「確かに数字に強いとはいえないな…」という印象を持っているかと思います。そこに高度な数理統計上の知識を必要とするAIが入ってくるわけですから、混乱しないほうがおかしいといえるでしょう。

　仮にAI活用の費用が安く、競合の動きが緩慢であるなら、人事担当者に数理系の素養のある人材を迎え、データサイエンスの知識を身につけさせ、さまざま試行錯誤させながら取り組みを進めることも、あるいは可能かもしれません。しかし、みなさんがご存知のとおり実際にはAI活用の費用は決して安くなく、また、業種を超えた人材争奪戦は激化の一途をたどっています。そのため、試行錯誤は当然必要ですが、こうした環境下にあっては、AI活用において既存の活用実態・知見を持つ外部パートナーを活用し、必要とされる変化スピードを実現することは理にかなった選択といえるでしょう。

ツール導入が徒労に終わる理由

　AIは可視化・分類・予測が上手な、単なる要素技術にすぎず、インパクトを出すためには、しっかりとした考え方の枠組み（たとえばABCDEフレーム）が重要であること、企業の課題にあわせた活用が重要であることを筆者は一貫して説明してきました[注1]。People Analytics領域でもこの主張は変わりません。使い慣れた道具に頼りすぎる人の視野狭窄を諫める言葉に「金槌しか持っていないと、すべてが釘に見えてくる[注2]」というものがありますが、本章で紹介する処方箋も、近年注目される「（AI搭載の）画期的な人事ツール」も単なる1つの金槌にすぎないわけです。自社の課題を具体的に掘り下げないまま、建売住宅的な一般ツールを導入しようとすれば、当然手痛い失敗が待っています。

　ツール導入の失敗のほとんどは、こうした課題と道具の不一致によって起こされています。

注1）詳細は拙著『機械脳の時代』（ダイヤモンド社）を参考にしてください。
注2）"If all you have is a hammer, everything looks like a nail." もともとは心理学者のアブラハム・マズローの言葉とされ、マズローのハンマーともいわれます。

解決すべき課題と道具はセットです。＜板が切られた状態にしたい→ノコギリ＞、＜ビニールプールに空気を入れたい→空気入れ＞は自明で、板を切りたいのに空気入れを持ってくる人はいません。ところが、人事という目に見えないものを扱い、意思決定者の所在があいまいなままツールを導入すると、板を切るために空気入れを持ってきて担当者が途方に暮れるといった、マンガのような状況が発生します（図3）。マンガであれば面白いのですが、自分のプロジェクトでこうした事態に遭遇するのは、是が非でも避けたいところです。それがトップマネジメントと直接やりとりをする、重要プロジェクトではなおさらです。

失敗しないためのデータ

では、こうしたバカバカしい失敗をしない方法は何でしょうか。ひとつひとつの領域・ツールについて、こうした方法論を詳述する余裕は本章にはありませんが、共通して効果のある、シンプルなコツを代わりに伝授しましょう。

ツール導入と課題をちぐはぐにしないためのコツは、「数字で話す」ことです。つまり主観でなくデータでコミュニケーションするということです。「なんだそれは？ 当たり前ではないか」と思われるでしょうか？ シンプルすぎて、肩透かしを食らったような気持ちかもしれませんね。では、実際に自分の会社の状況を考えて、この極めてシンプルなコツが実行可能かどうか想像してみてください。たとえばGoogleには、最大面接回数5回というルールがあります（図4）。これは、過去の人事面接を評価し、4回目の面接以降は判断精度を高めることへの貢献度が1％未満であることが統計的にわかったため、面接回数を制限するという社内規定です。

なるほど、確かにこれは数字で話していますね。マネジメントにとって人材採用は最重要課題の1つに違いありませんから、こうした重要トピックについてデータで客観的に語れるのは良いことです。声の大きい役員の1人が「やっぱ

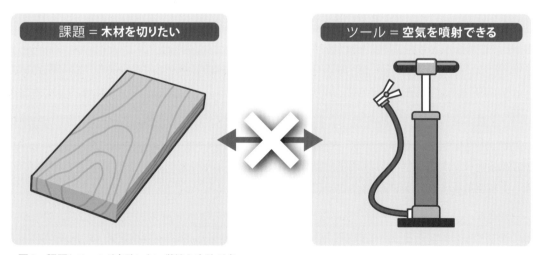

◆図3　課題とツールが合致しない単純な失敗が多い

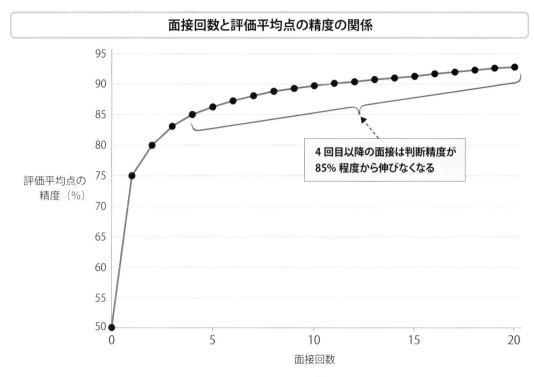

◆図4　面接回数を増やすと、採用適否の判断精度の伸び率は下がる[注3]

り何度も膝詰めをして腹を割って話さないと、採用っていうのはうまくいかないものなんだ」と主張したとしてもこうしたエビデンスがあれば、人事部として5回制限の見解と根拠を述べ、建設的な議論に貢献することができます。筆者は、この状態を**人事部がアカウンタビリティを果たしている状態**と考えます。要は、会社が下す重要な人事上の意思決定に対して、エビデンスにもとづいた答えを人事部が出せている、また、主観・経験や社内力学に影響を受けやすい意思決定に科学的アプローチをもたらしている状態です。

では、先ほどの例にある面接回数最適化問題をみなさんが勤める会社で取り組めるでしょうか？　読者のみなさんが人事部の担当者だったとしましょう。次のリストは、こうした分析をしようとしたとき、みなさんが何を経験するかを挙げたものです。これらは、すべて筆者らが過去に経験したプロジェクトにもとづいています。

● トップマネジメントは、「人事についてのデータは基本的に社内にすべてある」と言っています。そこでプロジェクトメンバーであるあなたは、過去のデータを探そうとしますが、「どんなデータがどこにあるのか」誰にもわからず、一から調べ直すことになります（図5）。

● では、全社員の過去の採用面接時の評価点数のデータは、どこにあるのでしょうか？　というより、そもそも保管されているのでしょうか？　「人事についてのデータは基本的に社内にすべ

注3）『How Google Works（ハウ・グーグル・ワークス）』、エリック・シュミットら、日本経済新聞出版社

第10章 People Analyticsが会社の業績を変えるまで

てある」なら、こうした手間はないはずですが、実際には、現実に解こうとする課題に対して使えるデータが揃っていません。採用サービスのエントリー履歴に志望動機書があったり、会社のイントラに履歴書をスキャンしたものがあったり、担当者のメール履歴に面接実施後の各担当者からの評価がWordであったりとばらばらです。すでに退職した前任者のメールの中身にいたっては、もはや誰にもわかりません。「紙で保管していたが、一定期間より昔のファイルは存在しない」のがせいぜいです（図6）。

- 分析しようにも、この課題に適したデータが保管されていなければここで終わりです。往々にして、「まず今あるデータからわかることを先に分析しなさい」と上司から指示され、目的ありきでなく、データありきで、分析の仮説やビジネス目的のよくわからないExcel集計と報告のための報告書づくりに時間が費やされます（図7）。

- ようやく目的のないデータ集計作業から開放されても、そもそもの面接回数最適化の課題は解けていません。ですから、今後あらためて、データ収集が必要であることをトップに説得しなければいけません。しかし、トップが「データが必要」「自分は方針を示せば良い」程度の浅薄な理解しかできない場合があります。その結果出される方針は、「データのことはシステム部門にまかせているからよく相談して決めるように」程度の、実質的な中身のないトップダウンです。担当者はシステム部門の担当者に0から説明を行い、説得することになります（図8）。

- では本件を「まかされている」らしいシステム部門はどう答えるでしょう。まかされているのであれば、社長と同じレベルの視座で、全社的な最

適解を提案してくれるのでしょうか。たとえば、面接回数の最適化がトップマネジメントの時間資源を有効活用できる価値。また、適正候補者に迅速に採用オファーを提示することによるビジネスインパクト。データベースの適切な構造、今後さらに必要になるであろう解析から逆算して、最適システムを提案してくれるのでしょうか？ そうであればどんなに素晴らしいことでしょうか。大体そうはなりません。「人事データは人事に言われたとおりに取得して、パッケージソフトのデータベースに保存している。今のパッケージソフトは面接回次ごとの評価点を保存するデータベース構造になっていないため、システム改修予算を人事部でとるか、人事部が自分の手作業で分析するか選んでほしい」とプッシュバックされるのが関の山です（図9）。

- システム部門は人事部が何をしたいか大体はわかるけれど、ベンダーには直接説明できないそうです。そのため、システム部門の回答にもとづいて、パッケージソフトを扱う日系のITベンダーと人事部の担当者がミーティングしたところ、「やりたいことはわかったが、システム改修の要件定義をしてくれないと、個別見積もりは出せない」という回答が来ました。要件定義がわからないままとりあえず見積もりを出せと言われると、1千万円〜オーダーになり、保守費用も別途かかるとのこと。面接回数を最適化する分析をするから1千万投資してほしいが、その結果の分析でどんな答えが出るかどうなるかわからない状態では、IT部門であれ人事部であれ稟議を出せません。どうやら今のパッケージソフトに新データを入れていくのは難しそうです（図10）。

160

10-1 人事領域でもデータサイエンスが活用できる
人事領域のAI活用、具体的なトピックと手法

◆図5　役員は、必要な人事データは社内にあると言っている

しかし、データは整理されておらず、そもそも欠けている
◆図6

◆図7　分析目的がないのに、今あるデータを分析させられる

◆図8　役員「データのことはシステム部にまかせてある」

◆図9　システム部「ベンダーに聞かないとわからない」

◆図10　ベンダー「費用がかかる」

ここまでみてきた過程は、いったい何が問題だったのでしょうか。まず、「データは社内にすべてある」というトップの誤解がありました。これは「課題 – 必要データ」がセットだという原則を無視しています。そこから起因した解析タスクが、実際には課題に応じたデータが存在しないことがわかったことを経て、曖昧なデータ整理作業で中断されたのでした。その後、内実を伴わないトップダウンによるシステム部→ベンダーへのたらい回しを経て、結局システムデータベース改修は無理だという身も蓋もない結論に着地しました。

- こうした検討を経て、パッケージソフトを使うのはやめて、面接回次ごとの評価点を担当者のローカルPCのフォルダに保存することになりました。元々バラバラだったデータが、さらに分散して保存されることになり、データ統合管理からはさらに遠のくことになります。

- やっとデータが蓄積されても、今度は別の問題があります。すでに面接後入社してしばらく時間が経過し、多くの社員がいる中で、「どの社員の入社時に、どの社員が面接官として点数、特に不合格評価をしていたか」を改めて掘り返すわけですから、反対者が出ることは想像に固くありません。「そもそも面接回数を最適化するといっても、分析結果の精度はどうなのか」「精度もわからないような不確実な分析をするというが、社内ハレーションは確実に起こる。それだけのメリットがあるのか」などの反論を想像するのは容易です。分析作業は、あらかじめ要件定義をしたとおりの結果を出すシステム開発とはまったく異なる性質を持ちますが、

両方とも似たようなスタッフが関わることからか、両者が混同されて論じられる傾向にあります。

これらは架空の担当者の足跡ケーススタディですが、残念ながらすべて実例にもとづいています。ここまで読んで、どういう感想を持たれるでしょう？ 思い当たる節が多すぎて、苦笑いでしょうか。「いやいや、さすがに我が社のシステム部門と人事部はここまでサイロに陥っていない」「トップだってもう少し具体的な方針を示す」と反感を覚えるでしょうか。実際にはその中間の会社が多いはずです。

「社内スタッフで十分」の誤算

では、特別に部門ごとの風通しがよい会社で、しかも特別にデータ知見の豊富な前任者がいて、面接回次ごとのデータがデータベース上に保存されているとしましょう。それでも、また別の問題があります。自前主義の問題です。通常、あるタスクを社内リソースだけで実現できない場合、タスクは社外にアウトソースされます。社内に労働法務の弁護士がいなければ顧問弁護士を雇いますし、M＆Aのためのデュー・デリジェンスは投資銀行に外注します。しかし、分析となると途端に自社でやればできると思いがちです。たとえ高度な統計解析が必要なものであっても、数学科や工学系の大学院を出ている理系といった特徴さえあれば、よく知らないが、だいたい似たようなものだからできるだろう、というわけで

す[注4]。

高度な統計解析は実際には中身が多様で、今回の課題を解くために必要な数理統計の知識を持ち、必要なデータベース整備、解析インフラを理解し、それだけに留まらずさまざまなステークホルダーを巻き込んでプロジェクトを推進するリーダーシップが必要ですから、こうした能力を具備するスタッフは非常に稀です。M&Aにたとえると弁護士知識や公認会計士知識や国際税務の知識もあり、かつ買収交渉もできるような人材ですから、社内にいることはめったにありません[注5]。

「最近新設されたデータサイエンス学部と提携し、毎年人を送っているから我が社は大丈夫だ」という会社もあるかもしれませんね。数理統計上の知識やツールの使用ノウハウがあり、かつ、前述したような社内の事情にめげずにトップマネジメントに掛け合い、「People Analytics」を実現している人材が実際にいるのであれば、たしかに大丈夫です。

ですが、前述したとおり、「数字で話す」という極めてシンプルなコツの実現のために、一体どれだけのことをしなければいけないか考えると、単に大学講座でPythonやRを使える研修やIoTの講義を受けたスタッフが何人いても不十分なのです。「People Analytics」が実現できているかどうかは、単にツールを使えているかと

か、データサイエンス学部に送った人数が何人いるとか、そうした表層的な事象を超えた次元のものです。「People Analytics」が実現できているかどうかは、人事部門、そしてトップマネジメントが「客観」「エビデンス」にもとづく意思決定が本当にできているかを象徴的に示すリトマス試験紙なのです(図11)。

People Analyticsは外部専門家への投資を惜しむな

People Analyticsは近年勃興した分野です。ほとんどの企業で、この分野のプロジェクトを成功させるための型やノウハウが社内に蓄積されていません。人事部が昇進基準に数理統計知識を設定していることも少なく、成功経験を有する先輩が直接後輩を指導できる環境も稀です。人事は何年経てば一人前になるのか、人によって意見はさまざまでしょうが、People Analyticsのような歴史の浅い領域では評価技術の進化速度も早く、一企業内にとどまらない知見の広がりが、ことさらに必要です。

外部専門家を利用することには多くのメリットがあります。弁護士や会計士をみても明らかですが、専門家になるまでの十分なケースを社内だけで経験させることは不可能です。その企業の特殊事情だけを知っていても十分ではなく、広く社会で活用され、淘汰選別を経た考え方を学び、いろいろな活用機会を実体験することではじめて、専門性は磨かれます。他社とのベンチマークの知識獲得も、外部人材の方が圧倒的に有利でしょう。解析モデルに産業平均値や指標を含む解析が必要であれば、

注4) 私達には、意識するせざるにかかわらず、自分とは違うグループに属する人の特徴を、内容の多様性を理解せずに単純化してしまう傾向があります。これを社会心理学では「外集団同質性バイアス」(Out-group homogeneity bias)と呼びます。たとえば「北欧の人はみんな背が高い」は、集団としての平均値の特徴のため、個々のデータの分散を無視してしまっています。

注5) このM&Aの例はあながち現実離れしているというわけでもありません。米国の給与水準でいえば優秀なデータサイエンティストのフィーが、弁護士・会計士・税理士を合計したフィーを超えることも実際にあります。

第10章　People Analyticsが会社の業績を変えるまで

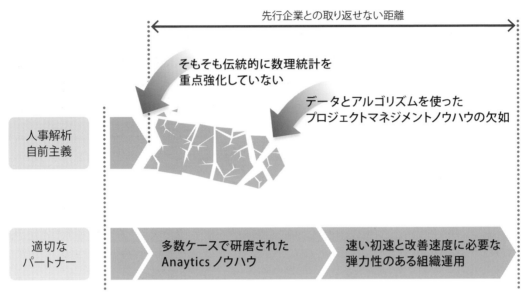

◆図11　People Anayticsで社内主義に陥ることで、高度な技術の取り入れが遅れ、取り戻せない差を生む

　そもそも自社だけでは不可能です。こうした知見を持ってプロジェクトを推進できる外部チームと、社内チームを組み合わせることこそが、最もインパクトを出せる最適な布陣です。

　もう1つ勘案すべきは、人材を巡る競争に対応するための変化速度です。産業によってイノベーション展開の速度はさまざまで、ハイテクのように産業構造がまたたく間に変わる領域から、インフラのように規制によって変化速度が緩慢な領域までさまざまです。しかし、こと人材採用においては、すべての企業が競合になるため、要求される変化の速度が早いのです。実際、事業会社でも、データサイエンティストにおいては直接・間接を問わずApple,Google,Microsoft,Amazon,Facebookと人材採用で競っているでしょう。People Analyticsの遅れは、他の全企業から採用で遅れることとイコールです。人材領域だけは、他社の変化の速度には我関せず、孤高を持するわけにはいかないのです。

　日本の場合は、こうした背景に加えて人口減という固有問題を抱え、変化に遅れることが企業体の致命傷になりえます。こうした中で、同じ結果であっても半年後に出せるのと、10年遅れるのでは意味合いが大きく異なります。

　外部専門家への投資は短期的なプロジェクト費用だけで論じる向きがありますが、それはPeople Analyticsの本質の半分もとらえていません。どれだけ崇高な企業目的と精緻な企業戦略を持っていても、それを担う人がいなければ絵に描いた餅です。何が企業目的で、どのような人事解析上の結果を、いつまでに出さなければいけないのか、それは戦略実行にどのような重要性があるのか、そのための投資としていくらまでならROIが合うのか、短期から長期までの影響を勘案する必要があります。少なくとも単年度の経費が高い・安いという話ではなく、長期的な生存戦略に関わる投資のはずです。

164

外部に解析を依頼するのであれば、どのようなモデルを使うのか、コーディング・システム実装はどのようにするのか、一見あるように見えるデータで本当に使えるものはあるのか、解析内容を組織で実行するにはどうするのか、ABCDE（Aim → Brain → Coding → Data → Execution）に通暁したパートナーの確保が欠かせません（図12）。単にAIを知っていればいいわけではなく、人事上の何の課題解決を目的として、どんなアクションを想定していて、そのために既存データベースにたまたまあるデータでは不足だから新たなデータをとる方法を計画して、それをもとにビジネスプロセスを変え…といったプロジェクトマネージャが必要になります。目的設定の方法については筆者が講師を務めるビジネス・ブレークスルー大学院大学『新 問題解決必須スキルコース』、機械学習を用いたプロジェクト進行のフレームワークについては拙著『機械脳の時代』（ダイヤモンド社）に詳しいので、そちらの解説を参考にしてください。

筆者らが講演するとき、質疑応答で、「人事データは他データとは違う。個人情報でありセンシティブ情報でもあることから、外部には依頼できないのでは」という懸念を相談されることがあります。社内で合意を形成する上で懸念されるもっともな疑問です。ハッシュ化など、個人を特定できない技術的な解決が公知になっていますから、まずは人事担当者自身がこうした技術をキャッチアップし、変化の必要性を説得しながらこうした正しい技術理解を普及していけるよう、活動していく必要があります。

とはいえ、クラウドが一般的になるまで「オンプレミスでないとセキュリティが不安だ」「いざというとき目の前にサーバーがないなんてどう責任をとるんだ」などと変化に不安を感じていた人たちが、結局自社管理の方がセキュリティリスクが高く、AmazonやGoogleなどのサーバーの方が堅牢性も冗長性もずっとハイレベルだったと気づくまでにかなりの時間を要しましたから、こうした企業の態度変容には時間がかかるものと考えるべきでしょう。

People Analyticsの領域でどの程度取り組みができているか、効果的に社内外のリソースを組み合わせて結果を出せているのかに着目すれば、大体その企業のデータサイエンスレベルを推察できます。みなさんが所属する組織ではどうでしょうか。

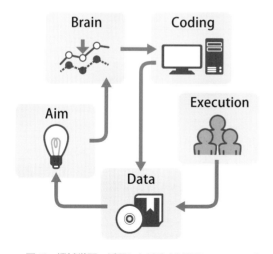

◆ 図12　機械学習の活用におけるABCDEフレームワーク

10-2 ケーススタディ ～コンピテンシー定義編～
課題定義から解決アプローチまでを概観

人事コンサルから「降ってきた」コンピテンシーは役に立たない

さて、これまでPeople Analytics領域の概要やよくある誤解と処方箋を示してきました。特に課題定義が重要である点を繰り返し述べましたが、ここからはより具体的な課題を取り上げPeople Analyticsの実態に迫ります。今回扱うのは人材方針を決める根幹であるコンピテンシー定義における課題です。

コンピテンシーとは、単に業務遂行能力と訳されることもありますが、その企業が社員に共通して求める「効果的な職務遂行のための考え方・行動特性」のことです。みなさんが勤めている先が大企業であれば、まず間違いなく社員に求めるスキルが明文化され、共有されているはずです。

たとえばAppleのティム・クックCEOは社員に図13で示すコンピテンシーを求めています注6。

コンピテンシー定義においてよくある課題は、「コンピテンシーを定義した。しかし、この複数

注6) これらは2016年にApple CEOであったティム・クック氏がUtah Tech Tourで答えた内容を元にしています（翻訳は筆者による）。

◆図13　Apple CEOが社員に求めるコンピテンシー

項目がそもそもコンピテンシーとして妥当なのか確信が持てない」「改善が必要なのかもしれないが、キャリアコンサルタントと社長たちが決めたものであり、改善の方法もわからない」というものです。項目数が多すぎたり、論理関係として入れ子構造になっていたり、人事担当者の目から見ても納得感がなかったりする場合は、社員が理解できるはずはありませんから重症といえるでしょう。

企業コンピテンシーを維持するにせよ修正するにせよ、明確にしてそれを測定するモノサシを作る必要があります。明確な測定方法が伴わなければ、コンピテンシーといっても主観的な定義に流され、採用・育成・評価・配置転換・昇進などの具体的な人事アクションに反映できないためです。なぜこのコンピテンシーモデルであって他ではないのか、それぞれの項目が本当のところ何を意味するのかを人事担当者が腹落ちし、相手が新入社員であれ、反論してくる役員であれ、それを語れるようになっている必要があります。

ではどうする？

企業のコンピテンシーモデルの導出は、仮説づくり→入手可能なデータによる検証を加えた修正版の作成→新たに取得したデータにもとにしたさらなる刷新、という3段階のプロセスが必要です（図14）。たとえば「採用試験の妥当性検証」でもそうであるように、勘と経験で判断するのでなく、数理的なエビデンス（たとえばどの入社試験科目の点数が入社後の評価と相関するか）にもとづいて判断するのが、近代人事マネジメントの要です。

多くの企業において、コンピテンシーモデルは「仮説づくり」のステップを終えた段階にすぎません。エビデンスにもとづいたPeople Analyticでは、まず既存データによる修正版

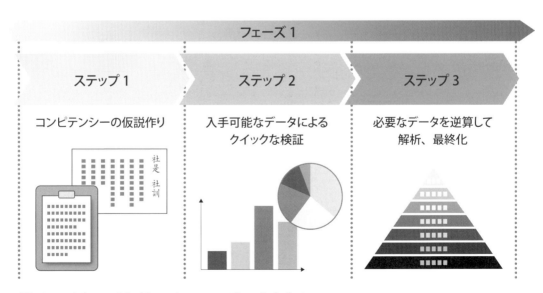

◆図14　エビデンスにもとづくコンピテンシーモデルの作成プロセス

の作成が必要となります。本章では実施すべき取り組みの概要と、期待される成果を説明します。

仮説にすぎない企業コンピテンシーの刷新について、必要なプロジェクトフェーズは2つです。それぞれで成果が段階的に期待できます。

まず短期的に目指すべきは「現在定義されているコンピテンシー項目が、現在入手可能なデータにもとづき、エビデンスを伴って再定義され、構造が整理された状態」です。それに続くフェーズは「前フェーズで定義したコンピテンシーを評価するモノサシを開発し、今後のすべての人事施策[注7]がデータにもとづくものになっている状態」を実現することです（図15）。

仮説エビデンスはデータの裏付けが乏しい中で定義されているため、曖昧な状態であり、これが正しいのかいつまで経っても判然としません。人事がデータをいくら集めても、そもそも目的にそったデータ収集ができないという、エンジンの空回り状態となります。これを整え、人事活動の全体を整合させる必要があります。

解析ステップ

コンピテンシーは「効果的な職務遂行のための考え方・行動特性」ですから、すでに成果を上げている社員と、そうでない社員を比較することで、その原因となる考え方・行動特性をあぶり出すことができます[注8]。

職階ごとに、高評価されている社員グループ、そして今後高評価される可能性の高い社

[注7] 人事方針の決定からはじまり、人事戦略・採用・勤怠管理・訓練・アサインメント（転属）・評価・昇進・社内文化形成・それぞれに必要なツール導入に至るまで、文字どおりすべてです。

[注8] もちろん、望ましい考え方・行動特性を持っている社員が、「この人はよく成果を出している」と適切に評価されていることが大前提です。本当に望ましいコンピテンシーを持っていても、何らかの理由で足を引っ張られたり、上司に手柄を取られて評価されていないなど、異常な状態にあるのであればコンピテンシーのための解析云々ではなく、そのはるか前に組織問題を抱えていることになります。

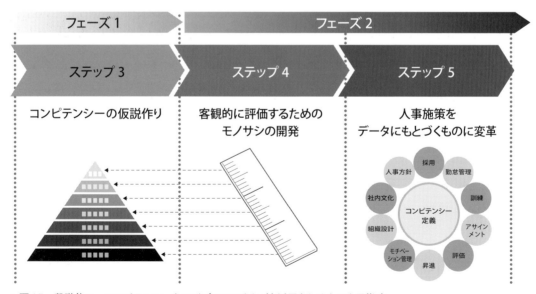

◆図15　段階的に、コンピテンシーをエビデンスにもとづき活用されるものを目指す

員グループ、その逆で低評価の社員グループを洗い出します。彼らと、彼らを評価する評価者・同僚・部下を対象に、ヒアリングによる共通性抽出、既存データのレビュー（人事プロファイル、評価情報、業績、研修情報を組み合わせて実施）を行い、評価値やテキストデータが、それぞれのセグメントでどのように異なっているかを比較していきます。

使用するデータ解析モデルは主として可視化モデルと予測モデルの2つです。クラスタリングは、グループを似ている者同士と違う者同士に分ける統計手法です[注9]。高評価社員といっても、すべて同じような行動特性をしているわけではありません。コミュニケーションや育成力が強いタイプや、未来構想や戦略・組織計画

への精緻化能力に秀でるタイプなど、成果を上げている社員にもさまざまなスタイルがあります。したがって、高評価グループの中でこうしたサブグループをいくつか作成します。

解析で使用するモデルは、図16に示す「可視化」手法のどれかを選びます。すべての企業のすべての人事データに共通するオールマイティーな答えがあるわけではありませんが、図中の「精度・お手軽さ両立モデル」をいくつか試してみて、納得感のある精度が出ればそれでひとまずは十分です。高評価の社員にはどれほどのパターンがあるか分けてみて、納得感の高いものがでればそれ以上精度を上げる時間投資はあまり意味がありません。このクラスタは「部下人望型」と「顧客ガッチリ型」、こっちは「頭脳型」だななどとラベルをつける作業をワークショップで行います。これらを行うことで、たとえば「チームプレイヤーであること」と「コミュニケーション能力が高いこと」は実はこの会

注9) これを分類作業ということがありますが、「分類」するためには①「分けて」②「種類を決める」ことが必要ですから本書では①しかできないクラスタリング手法を可視化の手法と定義しています。②の種類を名付ける（「部下人望型」「顧客ガッチリ型」「頭脳型」など）のはAIまかせではなく膝詰めのワークショップで行うことからも、筆者にはこの定義がしっくりきます。

モデルが行う作業	データサイエンス上の分類名	よりお手軽さ重視のモデル（統計解析のモデル）	精度・お手軽さ両立モデル（機械学習と統計解析の中間モデル）	より精度重視のモデル（機械学習のモデル）
可視化	「教師なし」モデル	・k-平均法 ・アソシエーションルール ・相関分析 ・主成分分析（PCA） ・因子分析 ・多次元尺度法（MDS・数量化IV類） ・コレスポンデンス分析	・クラスタリング（Ward法・k平均法） ・グラフィカルモデル（構造方程式モデリング・ベイジアンネットワーク）	・自己組織化マップ（SOM）
分類・予測	「教師あり」モデル	・単回帰分析、重回帰分析 ・決定木（CART）	・ランダムフォレスト ・ニューラルネットワーク ・k近傍法	・サポートベクターマシン（SVM） ・勾配ブースティングモデル（GBM） ・ディープラーニング ・協調フィルタリング

◆ 図16　今回の解析で使用するモデル、「可視化」と「分類・予測」それぞれから選定

社ではまったく同じことを言っていたから統合した概念で説明しよう、などの仮説コンピテンシーの修正がこの時点で行えます。

次に行うのは、時系列を踏まえ、どの特性が現れると他の変数がどう変わるのか、複数要素間の関係を明らかにすることです（図17。図16の分類・予測モデルを使用）。予測すべき対象は、その社員の未来の業績です。将来業績を予測する上で、どういった特徴の数値が高まることがその兆候となるのか判別するわけです。複数のコンピテンシーの間の関連構造も明らかになります。これらの構造は、会社によって異なることが通例です。その理由は、会社によって活躍する社員の考え方・行動特性が異なるためです。理論的には、より詳細に、職能ごとにコンピテンシーを作ることも可能です（ただし、職能あたり数百件単位の十分なデータ量が必要です）。

解釈と合意形成ステップ

ここまで解析を進めれば、今まで仮説でしかなかったコンピテンシーが、数字の裏付けを持って語れるようになります。今のリーダーがどのように時系列的な成長パスを描いたか、途中まで数字が似ていた同期がぱっとしなくなっていったきっかけは何だったかなど、今まで主観的に語られていた内容が、要素ごとの重み付けまでわかるようになります。次に行うべきは、こうした結果を踏まえた解釈と合意形成です。典型的には人事が主催するトップマネジメント向けのワークショップで、結果の解釈を膝詰めで行います。この結果、既存の仮説コンピテンシー項目とほぼ等しい内容が抽出される場合もあれば、数や種類もまったく異なる内容が抽出される場合もあります。

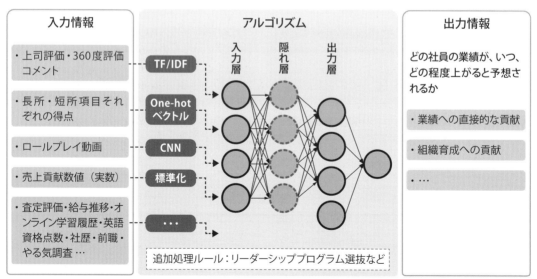

TF/IDF Term Frequency, Inverse Document Frequency法。いくつかの文章の中で、その文章を特徴づける単語に注目して特徴を抽出する標準的手法
One-hotベクトル, 1つの数値だけ1で残りが0であるビット列・ベクトルで名義尺度を表現する手法
CNN Convolutional Neural Network, 畳み込みニューラルネットワークと呼ばれる動画・音声解析の標準的手法

◆ 図17 精度・お手軽さ両立モデルで解析が不十分な場合は、より高度な解析をトライする

ローパフォーマー（評価が低くなってしまっている社員）のデータも含めることで、よりはっきりとした傾向が見て取れるようになります。解析で使用するのは機械学習のモデルですが、アウトプットとしては社員がわかりやすい、解釈可能性の高い表現で形に残すことをお勧めします。図18はその一例です。

ここで導出されるモデルは、「コンピテンシーとして経営者が考えていた」仮説ではありません。「データから現れた、実際に会社で活躍している社員の共通項目」です。これらが同一の場合もあれば、驚くほどの違いがある場合もあります。

少し複雑になってきましたので例で説明しましょう。たとえば「労働時間は短くとも、成果をあげられる効率性が我が社の社員に求めるコンピテンシーだ」と経営層が思っていたとしましょう。これが仮説コンピテンシーです。一方、実際のデータからは、長時間働いた人だけがもっぱら成果を上げていると判明したとしましょう。では、エビデンスにもとづいた解析はどういう結果になるでしょう？　答えは、この会社でのエビデンスコンピテンシーは「長時間労働をいとわない姿勢」です。主観的な仮説コンピテンシーと客観データにもとづくエビデンスコンピテンシーがどう違うのか、みなさんの中でもイメージが描けてきたのではないでしょうか[注10]。

注10）建前と本音、無意識の内にある本音を探る統計手法は、元々は人事領域でなくマーケティング領域、中でも消費者調査領域で発達してきました。単純化すると、口では「これが大事だ」と答えても、その評価が行動と相関しない要素のことを建前、口では「それは大事ではない」と答えても、その評価が行動と相関する要素のことを本音といいます。

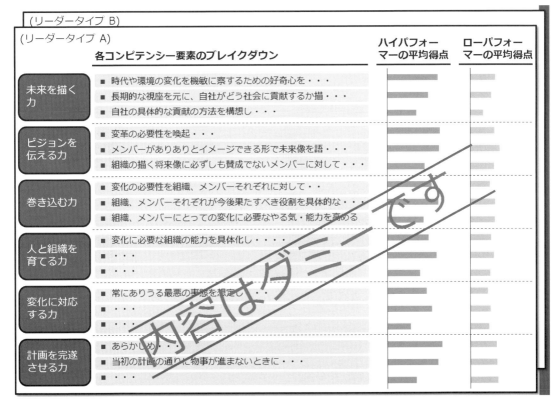

◆図18　ハイパフォーマーと、ローパフォーマーの違いから、コンピテンシーを抽出する

さて、これらがズレていることは、実は必ずしも悪いことではありません。ズレの原因の1つは時間軸です。競争環境は変化し、企業はそれに順応し続けなければ生き残れませんから、今まで活躍してきた社員の共通項目と、今後求めていきたいコンピテンシーとが異なるのは当然のことです。従来の人事役員のコンピテンシーに数理統計能力は必要なかったが、今後はそれが必要になる、などです[注11]。

しかし、その場合は環境変化で求めているコンピテンシーが変化してきたこと、実態として今まで昇進してきた社員が持つコンピテンシーがズレていることを経営層は認識しなければいけません。前述の効率労働の例でいえば、いくら上層部が「効率的に働くことを求める」と発信しても、部下を評価する上司は「長時間労働をいとわず成功してきた」評価者ですから、染み付いた固定観念を振りほどくのは容易ではありません。

このように、エビデンスから見えてきたズレや、その要因や、今後の施策についての提案を人事から経営陣に対して行います。人事ポリシーは人の評価に直結する、社内政治上もセンシティブな話題です。そのため、こうした提案においても容易に声の大きい人の意見が通り、科学的なアプローチなどすぐに消えてしまいます。People Analyticsの成否は「数字で話す」ことを徹底し、それが当たり前なのだという組織文化をいかに醸成できるかにかかっています。

よくある落とし穴と対策

「頭で考えた理想コンピテンシー」と「データからみた現実コンピテンシー」の差を理解せず、単なるデータ解析を依頼してしまう

前述の例からわかるとおり、活躍している社員の共通項を導くのがエビデンスにもとづく人事データ解析であり、それを踏まえてどうするか決めるのかが標準的なアプローチです。データにもとづかず、単に考えただけのコンピテンシー仮説のままでは、人事部としてのアカウンタビリティを長期的に果たすことはできなくなります。統計解析スキルを重点育成項目にしてこなかった人事組織が、人材を巡る企業間競争の激化のためにPeople Analyticsの外部パートナーと協業するのは理にかなった選択です。

外部パートナーへの作業依頼が、単にデータ解析に強いAI分析カンパニーに解析を丸投げするような性質のものではないことは、ここまで読み進めてこられたみなさんならよく理解できるでしょう。データから何がわかるのか、コンピテンシーモデルを刷新するためにどんなマネジメントディスカッションが必要なのかを把握し、そこから逆算した分析計画が必要です。マネジメントとの討議の計画では、誰がどのような意見を持っているか、何がモチベーションの源泉なのか、変化に対する姿勢はどうなのかを整理する部分から、パートナーと一緒に行うと

[注11] これは人事だけでなく、環境変化が必要なあらゆる業態で見られる傾向です。たとえばはたから見れば規制や特許で安定している医療領域でも同じことが起こっています。「長くMR職として成果を出し昇進してきた現上層部は医師との泥臭いコミュニケーションが得意でパソコンが苦手だった。しかし、医療環境の変化で医療機関の機能分担が強く求められるようになったため、MR自身が病診連携を推進するためのデータ解析能力がコンピテンシーとして新たに必要」など。

よいでしょう。

　People Analyticsの領域では、単に解析アウトプットがあってもまったく役に立たず、実質的な企業の行動変容を引き起こすための設計（ABCDEの「Execution」設計）が極めて重要です。筆者が代表を務める日本データサイエンス研究所でもこうしたコンピテンシー解析の依頼を受けることはありますが、こうした議論がなければ結果を出すことは不可能です。外部に解析を発注する場合は、これらの目線合わせを必ず行ってください。

データ解析に必要なスコープを狭くとらえて、手元にあるデータのみでコンピテンシーを導いてしまう

　こうしたデータ解析において「今手元にデータがあるから」という理由で、解析に必要なデータを精査せずに分析してしまう失敗が多くあります。データ整備について「今あるデータを聞き取りしてExcelに書き写す程度じゃないの

か？」「とりあえず分析してみよう」といった甘い認識でデータサイエンティストに解析作業をさせてしまうと大失敗します。データ選定やクリーニングの重要性について直感的な理解と、データ解析の実態の乖離が大きいためです。

　分析に使うデータの選定と整備は、その次のステップの分析に進むための必須条件です。つい「データはすでにあるのでは」と考え、ここに十分な注意を払わず失敗する例は枚挙に暇がありません。データ選定を間違うとそのあとどれだけ世界最先端のアルゴリズムを使ってもまったく答えが出ません。解析の世界ではこれを「garbage in, garbage out」といいます。データ準備は、アルゴリズムに必要なだけの関連性・データ量・粒度・費用対効果についての総合的判断を踏まえて行う、コンピテンシーモデルを失敗させないために必須の、ビジネス実態と数理統計知識を要する高度な作業です（図19）。

　無論、「今ないが、今後作る必要があるデー

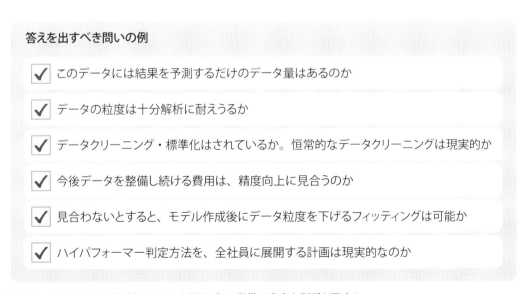

◆図19　コンピテンシー解析のために必要なデータ整備は高度な判断を要する

タ」についてもこのスコープに含みます。解析に必要なデータが揃っていることの方が稀だからです。この場合、データ取得方法や取得する管轄部署・組織体制も人事の担当者がプロジェクトマネージャとなって作業します。このステップは「今あるデータを一通りExcelに書き写す程度のもの」ではまったくないわけです。

繰り返しますが、今手元にあるデータから解析をスタートすると結果が出ません（図20）。データベースの運用を担うSIベンダーが解析パッケージの販売代理店をやっているので数千万円かけて解析させたが、ビジネス結果にまったくつながらなかったといった類の相談を数え切れないほど受けてきました。本書を読んでくださったみなさんに限ってこうした失敗はしないと信じたいところです。しかし、そうは言ってもすでにトップダウンで発注が決まってしまって、解析の時間制限もあるからと、ありものデータで解析プロジェクトを見切り発車されてしまう

と担当者は苦しいようです。

脱線しますが、解析は単にPython作業ではなくプロジェクトマネジメントであることを強調するため、重要な考え方を1つみなさんに共有します。筆者が以前勤めていたマッキンゼー&カンパニー社には、「Obligation to dissent」という義務がありました。これは直訳すると「異議を唱える義務」「異論を差し挟む義務」といったものです。

もう少し丁寧に解説すれば、「相手の意見が違っていると思ったら、あるいはここで自分の意見を言うべきと考えたら、相手が上司でも、あるいは年齢・年次が上でも、根本の前提を覆すことになっても、あえて発言する義務」でした。これは、意見があるときに発言することは「権利」ではなくて「義務」であるととらえるものです。そして、「トップ」だけでなく「全員」の義務であり、誰の発言が正しいかでなく何が正しいのかを問うものでした。取締役との会議が終

◆図20 「このデータから価値を出せないか?」の答えは大体「価値を出せない。」

わったあと、「まず手元のデータからわかること を解析しろというのが会社の決定なのだからし かたなく…」「意見できる時間もなかったからし かたがないが…」という態度は議論の質と意 思決定の質を落とすばかりでなく、議論の相手 にとってもフェアではなく、プロフェッショナルに あるまじき逸脱行動です。

単にPython上で解析をするのなら、少し独 学すれば誰でもできるようになります。しかし、 プロとしての貢献はPythonでの解析作業の 延長にはありません。People Analyticsに限 らずこうした分析作業では解析やツールに焦 点が当たりがちですが、実際に結果を左右す るのはプロジェクトマネージャとしてのマインド セットです。単なる便利屋でなく、解析のプロ フェッショナルを目指すのであれば、こうした考 えを体現して取り組みましょう。

人事のことしかわからない、または データ解析のことしかわからないベン ダーを選んでしまう

単に人事がわかる人事コンサルにも、データ 解析が得意な解析ベンチャーにも、単体でこ の解析はできません。インビューの設計から調 査実施、自然言語処理から人事データベース のデータ保有構造まで、ブリッジすることが必 要だからです。

また、外部パートナーを活用するといっても、 これらの過程を社内のコアメンバーがともに進 行することが必要です。コンサルティングのプロ ジェクトが終了し、契約が終わったあとも、社 内のメンバーの仕事はずっと続くわけです。そ の意味でプロジェクトに終わりがなく、従来の人

事コンサルタントから降りてきたコンピテンシー や、AI解析カンパニーが出してきた自然言語 解析レポートを受け取ればよいというものでは ありません。

まとめ

業績を上げるため、社員に求める行動特性 は何か? こういった問いは、従来は百戦錬磨 の、企業の重鎮が長年の経験をもとに含蓄深 い語りで示すものでした。これに限らず、人事 領域は長年の経験が物を言う分野で、数字に 強いことが貢献できる領域は少ないと思われて きました。

しかし本章で説明したようなPeople Analyticsによって、エビデンスにもとづいた、 科学的な決定が急速にできるようになってきて います。トピック例としてコンピテンシーの解析を 扱ってきましたが、まさに人事部に求められるコ ンピテンシーも変わってきています。

本章に興味を持って読まれた方は、多かれ 少なかれ人事管理に興味を持っておられるこ とでしょう。そして、Analyticsが人事領域で できることに興味をお持ちなのでしょう。今の時 代は、従来の人事業務の姿が大きく変わる過 渡期です。こうしたエキサイティングな時代に、 新しい取り組みで世の中を変えるのはまさにみ なさんのような方々です。本章がみなさんの知 的好奇心を刺激し、具体的な取り組みへの貢 献につながればこの上ない喜びです。

技術評論社

前処理大全

Law of Awesome Data Scientist

データ分析のための SQL/R/Python実践テクニック

データサイエンスの現場において、その業務は「前処理」と呼ばれるデータの整形に多くの時間を費やすと言われています。「前処理」を効率よくこなすことで、予測モデルの構築やデータモデリングといった本来のデータサイエンス業務に時間を割くことができるわけです。本書はデータサイエンスに取り組む上で欠かせない「前処理スキル」の効率的な処理方法を網羅的に習得できる構成となっています。ほとんどの問題についてR、Python、SQLを用いた実装方法を紹介しますので、複数のプロジェクトに関わるようなデータサイエンスの現場で重宝するでしょう。

本橋智光 著、株式会社ホクソエム 監修
B5変形判／336ページ
定価(本体3,000円+税)
ISBN 978-4-7741-9647-3

大好評発売中！

こんな方におすすめ
・データサイエンティスト
・データ分析に興味のあるエンジニア

技術評論社

データ分析基盤構築入門

Fluentd、Elasticsearch、Kibanaによるログ収集と可視化

《Appendix》
ワークフロー管理ツール Digdag &
バッチ転送ツール Embulk 入門
Fluentd プラグイン事典
Embulk プラグイン事典

「サービスのデザインはログのデザインから。」良いサービスを作り上げるには、ログデータを収集し、改善を続けるシステムの構築が必要です。本書は、ログデータを効率的に収集するFluentdをはじめ、データストアとして注目を集めているElasticsearch、可視化ツールのKibanaを解説します。本書を通して、ログ収集、データストア、可視化の役割を理解しながらデータ分析基盤を構築できます。2014年に刊行した「サーバ／インフラエンジニア養成読本ログ収集　可視化編」の記事をもとに最新の内容に加筆しています。

鈴木健太、吉田健太郎、
大谷純、道井俊介　著
B5変形判／400ページ
定価(本体2,980円+税)
ISBN 978-4-7741-9218-5

大好評発売中！

こんな方におすすめ
・サーバエンジニア
・インフラエンジニア

Software Design plus　技術評論社

クラウドを武器にするための**知識&実例満載**！

クラウドエンジニア養成読本
Cloud Engineer

「これから最新のクラウドを活用していきたい」「クラウドベースのシステムの全体を把握したい」という新人エンジニアやこれからクラウドベースのシステムに取り組むエンジニアのための一冊です。Amazon Web Services、Google Cloud Platform、Microsoft Azureといった大手クラウドサービスの全体像の紹介から、IoTやエンタープライズなど、現場でクラウドを活用している各種企業での事例まで、クラウドの構築&運用のノウハウを本書で学びましょう！

佐々木拓郎、西谷圭介、福井厚、寳野雄太、
金子亨、廣瀬一海、菊池修治、松井基勝、
田部井一成、吉田裕貴、石川修、竹林信哉　著
B5判／152ページ
定価（本体1,980円+税）
ISBN 978-4-7741-9623-7

大好評発売中！

こんな方におすすめ
- はじめてクラウドに触るエンジニア
- これからクラウドを活用していきたいと考えているエンジニア

Software Design plus　技術評論社

IoTシステムの全体像と現場で必要な技術がわかる！

IoTエンジニア養成読本 設計編
IoT Engineer

IoT（Internet of Things）システムがさまざまな業界で具体的に構築され始めています。新規のシステムをゼロから構築するケースもありますが、既存のシステムや事業を前提に、IoTシステムを構築するケースも多く見られます。従来のITシステムとは異なり、IoTではハードウェアとソフトウェア両面でどのように設計するか、多岐にわたる知識とノウハウが必要となります。本書では、すでにさまざまなIoTシステムの構築に取り組んできた著者陣が、IoTシステムの設計に必要な基礎知識と実践的なノウハウをわかりやすく解説します。

片山暁雄、坪井義浩、松下享平、大槻健、
松井基勝、大瀧隆太、日高亜友、
八木橋徹平、今井雄太、小泉耕二　著
B5判／160ページ
定価（本体1,880円+税）
ISBN 978-4-7741-9611-4

大好評発売中！

こんな方におすすめ
- IoT関連システムの設計にこれから取り組む、または携わっている方
- IoTシステムの構築に関心がある、取り組む可能性がありノウハウを知りたい方

◆本書サポートページ
　https://gihyo.jp/book/2018/978-4-297-10108-4/support
　本書記載の情報の修正／訂正／補足については、当該Webページで行っています。

装丁・目次・本文デザイン	トップスタジオデザイン室（轟木 亜紀子）
DTP	トップスタジオ
担当	高屋卓也
編集協力	伊藤徹郎、津田真樹

■お問い合わせについて

本書に関するご質問は記載内容についてのみとさせて頂きます。本書の内容以外のご質問には一切応じられませんので、あらかじめご了承ください。
なお、お電話でのご質問は受け付けておりませんので、書面またはFAX、弊社Webサイトのお問い合わせフォームをご利用ください。

〒162-0846　東京都新宿区市谷左内町21-13
株式会社技術評論社
『データサイエンティスト養成読本　ビジネス活用編』係
FAX　03-3513-6173
URL　http://gihyo.jp

ご質問の際に記載いただいた個人情報は回答以外の目的に使用することはありません。
使用後は速やかに個人情報を廃棄します。

ソフトウェアデザインプラス
Software Design plus シリーズ
データサイエンティスト養成読本 ビジネス活用編
2018年11月13日　初版　第1刷　発行

著　者	高橋威知郎、矢部章一、奥村 エルネスト 純、樫田 光、中山心太、伊藤徹郎、津田真樹、西田勘一郎、大成弘子、加藤 エルテス 聡志
発行者	片岡　巖
発行所	株式会社技術評論社 東京都新宿区市谷左内町21-13 電話　03-3513-6150　販売促進部 　　　03-3513-6177　雑誌編集部
印刷所	港北出版印刷株式会社

定価はカバーに表示してあります。
本書の一部または全部を著作権法の定める範囲を超え、無断で複写、複製、転載、あるいはファイルに落とすことを禁じます。

©2018　高橋威知郎、矢部章一、奥村エルネスト純、樫田光、中山心太、伊藤徹郎、津田真樹、西田勘一郎、大成弘子、加藤エルテス聡志

造本には細心の注意を払っておりますが、万一、乱丁（ページの乱れ）や落丁（ページの抜け）がございましたら、小社販売促進部までお送りください。送料小社負担にてお取り替えいたします。

ISBN978-4-297-10108-4 C3055
Printed in Japan